BLACK SWAN 黑天鹅图书

为 人 生 提 供 领 跑 世 界 的 力 量

BLACK SWAN

面白くて眠れなくなる化学

化学真好玩

[日] 左卷健男 / 著　金磊 / 译

长江出版传媒
湖北教育出版社

前　言

我之所以写这本书，是因为：

化学是很有趣的！

这也是我希望能在一开始就开门见山地告诉各位读者的事情。

化学是一门非常有趣且具有魅力的学科，它会涉及世界上的一切事物，并且我们身边的各种现象都与化学的思维及规律相关联。

化学的有趣，不仅在于了解物质的性质及其变化的实验，还在于化学本质的知识性为我们打开了一个崭新世界的大门。

本书中的内容，取材自最基础的化学知识，是大部分人在学生时代所学过的初中及高中阶段的化学知识。

很多人之所以对学校所教授的理科知识没有兴趣，在于其内容过于抽象、缺乏真实感，自然也就无法被理解。很多人认为这些知识与自己的生活及人生毫无关系，只是用来应付学校的毕业考试而已。

我自己所学的专业就是小学、初中及高中初级的理科教育，原先也曾做过初中、高中的理科教师。我在当理科教师时的一个目标就是“希望当天的授课内容，能成为全家在一起吃饭时热烈讨论的话题”。

我觉得，如果通过理科的教学能让学生学而有所得、有所感动，并开阔自己的心胸……这样的效果才是最好的。可以说，本书就是将我的这种想法以文章的形式体现出来的一个结果。

透过科学，人们对不可思议甚至充满戏剧性的世界，一点点地加以解释和说明，一点点地打开自然科学世界的大门。虽然还有未知的领域存在，但是大部分已被人们所认知。

作为理科教育的专家，我就是希望能从这些已知的内容，甚至更为基础、基本的知识中取材，让读者们明白：“你看，只要再前进一步，就能有新发现，这多么有趣，不是吗？”

如果各位读者在读完本书后，产生了“这种反应是怎么回事？”“那种反应又是什么原因？”这样的新疑问，就说明我的尝试成功了。例如，我们身边常见的食盐，其成分为“氯化钠”，是由“钠”与“氯”组成的。

但实际上“钠”这种物质，如果将其投入水中，就会产生化学反应引起爆炸。而“氯”则是用来生产毒气弹的有毒物质。二者一起产生化学变化后，竟成了日常生活中常用的调味料——食盐。如果食盐摄取过量，也会引起中毒。

这样的发现，的确让我们产生了大大的惊奇。我今后也会将这令人感动且让人内心丰富的理科知识继续深入地研究下去。

左卷健男

目　录

第1部分 惊险无比的化学现象

第2部分 探究可怕的化学谣言

第3部分 不禁想要尝试的化学实验

第1部分

惊险无比的化学现象

干冰放到密闭空间里会发生什么?

干冰引起的爆炸事故

干冰常用来冷却保存冰激凌，是一种非常冷的白色固体物质，温度约为零下 79℃。干冰其实就是二氧化碳（也称碳酸气体）的固体。正如其名字那样，干冰可以不经过液态直接升华为气体。

经常会发生小孩子将干冰放入玻璃瓶并盖上盖子，结果导致玻璃瓶炸裂、玻璃碎片四散的可怕事故。不仅仅是玻璃瓶，即使是普通的塑料瓶，这样做也是很危险的。

如今，比起玻璃瓶，我们身边使用塑料瓶的频率越来越高，随之而来的塑料瓶炸裂事故也增多了。将干冰放入塑料瓶并盖上盖子摇晃的话，塑料瓶就会炸裂，飞散的碎片会插入身体造成事故，严重的甚至会刺伤眼睛导致失明。

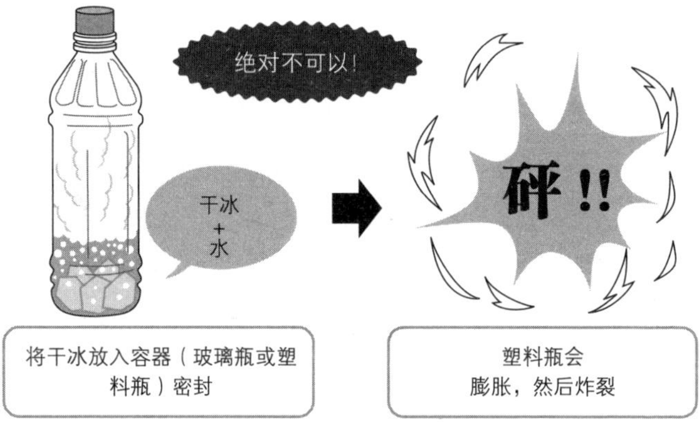

绝对不可以将干冰放入密闭的容器！

内部的压力增大导致炸裂

一般的固体或液体，当其转变为气体时，体积会膨胀。

在室温环境下，干冰会由固体升华为气体。因此，将其放入密闭的塑料瓶后，随着气体的增多，瓶身内部的压力也在增大。特别是瓶身内部与干冰接触时，由于干冰的温度很低，塑料瓶会变脆而易破损。

专用的碳酸饮料瓶，其耐高压的能力要大于普通的非碳酸饮料塑料瓶，其能承受我们身边标准大气压约 6 倍的压力。

碳酸饮料瓶的耐压结构

但是，考虑到塑料瓶的新旧程度，以及是否在工厂灌装等因素，其实际的承压能力可能达不到这个水平。

神户市消防局的实验

针对塑料瓶炸裂事故有所增加的趋势，神户市消防局曾经进行过这样的一个实验。在 500 毫升容积的塑料瓶中，放入 40 ～ 50 克的干冰，并装入 300 ～ 400 毫升的水，然后通过改变各种条件，进行爆炸对比实验。

结果显示，实现炸裂所需的时间在 7 ～ 44 秒。随着

“砰”的一声巨响，碎片会向四面八方飞散。

所以，将干冰放入密闭的容器是十分危险的事情，绝对不能这样做。

什么是爆炸?

爆炸是一种现象

我至今已做过各种各样的化学实验，有时也会遇到一些让人心惊胆战的状况，严重的甚至会造成事故。

从在工业高中工业化学系上学起，一直到研究生时代，我一直在做化学实验，而成为初高中学校的教师后，更是希望能让我的学生们亲眼看见一些有趣的化学现象。

从事艺术的人未必能弄出“爆炸性”的作品，但化学实验可是真的会“爆炸”的!

那么,“爆炸”到底是一种什么现象呢?

让我们从化学的角度来思考这个问题。

除了将干冰放入密闭的玻璃瓶或塑料瓶会发生爆炸外，加热密闭的喷雾剂罐子或煤气瓶等，也会引起爆炸。伴随着一声巨响，容器会被炸坏。新闻报道中时不时会出现的煤气爆炸事故，严重时会使大楼甚至商业街遭到损毁，造成大量的死伤。

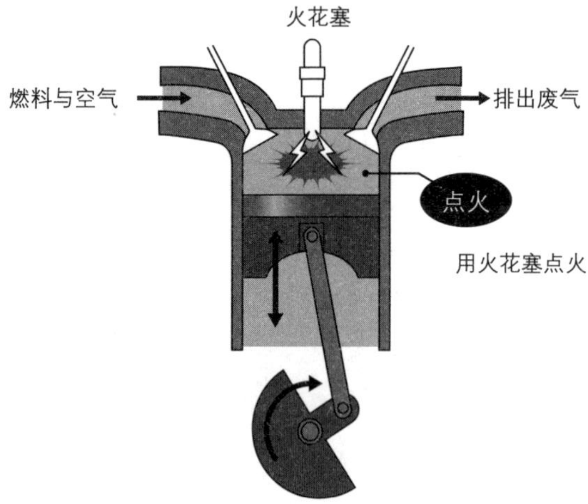

汽车的汽油发动机示意图

这些爆炸的共同点就是“因为某种原因使压力急速上升，内部体积增大，最终导致容器破损，并伴有声音、闪光等的压力释放过程”。

如果能控制好爆炸的过程，就能利用这种“压力产生的膨胀”来做功，特别是较多的热膨胀发生时，能带来极高的做功效率。

例如，汽车（汽油车）的发动机，就是将压缩后的汽油与空气混合物送入气缸，然后通过火花塞的点火引起爆炸，从而使发动机运转并驱动汽车；而安全炸药等，可以将岩石炸开，常被用于土木工程或开山采矿。

物理爆炸与化学爆炸

爆炸，根据其发生的过程可分为物理爆炸与化学爆炸。由于体积的增大（压力的上升），如气体或液体发生热膨胀，或者其状态发生改变（物质在固体状态、液体状态和气体状态之间变化）等原因引起的爆炸，属于物理爆炸；而通过物质的分解或燃烧等引起的爆炸，则属于化学爆炸。

喷雾剂罐子、煤气罐等因热膨胀发生的爆炸，以及用来生成水蒸气的锅炉所发生的爆炸，都属于物理爆炸。

火山的爆发也是物理爆炸。火山爆发，是因为其内部含气体的岩浆上升造成压力的迅速减小，从而使内部气体急速膨胀，以及地表水与地下水接触后，水分迅速发生汽化并急剧膨胀等造成的。

激烈燃烧的爆炸

化学爆炸的代表，就是一种伴随着气体产生的燃烧现象，其一旦开始后只要旁边有可燃物，就会加快其燃烧的速度，最终导致爆炸的发生。

例如，液化石油气以及城市用煤气（大部分情况下其主要成分为甲烷）发生泄漏后，在空气中大量聚集，遇到明火后即发生爆炸。

学校实验中常会进行的“点燃氢气与氧气的混合物”、火药炸药的爆炸，还有因小麦粉与碳粉等可燃性粉尘在空气中飘浮所引起的爆炸（粉尘爆炸）等都属于化学爆炸。

引起煤气爆炸的原因

将蜡烛放入可燃性气体

在前端弯曲的铁丝上放置一截蜡烛，当将其放入装有空气的瓶子（牛奶瓶等）时，蜡烛会在瓶子中继续燃烧。那么，如果将其放入装满二氧化碳气体的瓶子，又会是什么结果呢？蜡烛的火焰只要低于瓶口一点点，就会立刻熄灭。

于是我们得出，在二氧化碳气体中，蜡烛是无法燃烧的。

接下来，我们尝试在瓶中装入烧饭用的煤气或者打火机里的气体，当蜡烛放入这些可燃性气体后，又会发生什么呢？要做这个实验，除了蜡烛与铁丝外，还需要准备水盆、牛奶瓶、打火机的充气瓶以及浸湿的纸巾。

先在水盆中装入水，然后将牛奶瓶装满水，并用手掌压住瓶口倒置放入水中。

然后用打火机的充气瓶向瓶中充气（主要成分为丁烷），当水都被排挤出去后，瓶口处会有水泡出现，这说明瓶中已经充满了丁烷气体，接着继续用手掌压住瓶口，将瓶子从水中取出，用浸湿的纸巾盖在瓶口上。

现在，我们尝试将蜡烛放入牛奶瓶。

当蜡烛的火焰接近时，瓶口处会有火焰出现（因为丁烷是可燃性气体）。而随着蜡烛一点点地在瓶中下降，蜡烛的火焰会发生什么变化呢？

将蜡烛放入可燃性气体

瓶中的蜡烛会熄灭。虽然丁烷是可燃性气体，但蜡烛在其中也会熄灭。（注意：如果瓶中的气体为丁烷和空气的混合气体，将蜡烛放入其中可能会引起爆炸。所以必须在水中用丁烷将瓶中的空气全部置换出来。）

这是因为空气中有氧气，而丁烷气体中不含氧气。

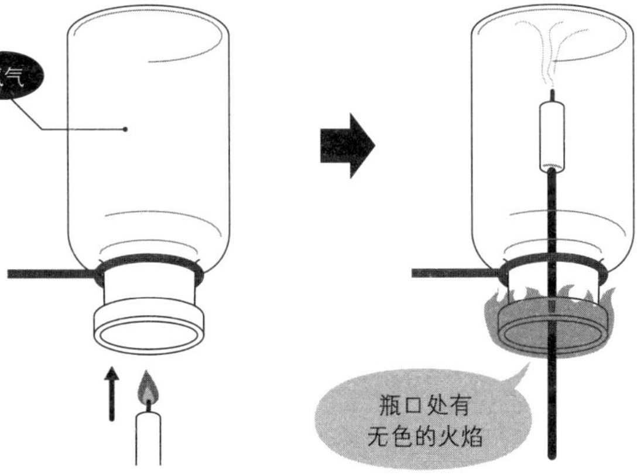

将蜡烛放入氢气……

点燃瓶中的氢气

请看上面的示意图。将装满氢气的瓶子倒置，从下往上将点燃的蜡烛从瓶口处伸入，然后会发生什么呢？有的人会说“氢气会爆炸。因为瓶中装的是 100% 的氢气，所以会产生剧烈的爆炸”。但是通过实验会发现，放入瓶中的蜡烛熄灭了。

由于只有氢气而没有氧气，蜡烛无法继续燃烧。仔细观察瓶口，可以发现其附近有氢气在燃烧（无色的火焰）。总之，并没有发生爆炸。

何为“爆炸临界值”

点燃可燃性气体与空气的混合物时，是否会发生爆炸最终要取决于该气体在空气中所占的比重。氢气需达到4.0%～75%，甲烷需达到5.3%～14%，乙醇（气体）需达到3.5%～19%。

这种所占比重的范围就叫作“爆炸临界值”，也称“燃烧临界值”。

爆炸的临界值

可燃性气体	爆炸的临界值 （空气中）（容量％）
氢气	4.0 ~ 75
乙炔	2.5 ~ 81
甲烷	5.3 ~ 14
丙烷	2.2 ~ 9.5
甲醇（气体）	7.3 ~ 36
乙醇（气体）	3.5 ~ 19
乙醚（气体）	1.9 ~ 48
汽油（气体）	1.4 ~ 7.6

如果是指引发爆炸的比重范围就是“爆炸临界值”，如果是指煤气等发生的燃烧比重范围就是“燃烧临界值”。从表中可以看出，氢气与甲烷相比，其爆炸临界值更广（这意味着氢气更容易爆炸）。

城市用的煤气中会添加臭味

城市里用的煤气主要是天然气，其成分为甲烷。由于其具备一定的爆炸临界值，所以即使发生了煤气泄漏，马上遇到明火的话，也不会引起爆炸。原本这种气体是没有臭味的，但是为了能让人们很快感知到煤气的泄漏，所以在其中人为地添加了微量带有臭味的硫醇物质。但即使是这样，每周还是会有小规模的煤气爆炸事故发生。

特别是在购买了新的煤气灶时，一定要仔细了解其使用方法。大部分煤气爆炸事故都发生在煤气灶购买后的一年内。另外，埋在道路下负责向家中输送煤气的总管道，也可能由于自身老化引起煤气泄漏。因此，对于新的煤气灶以及煤气老旧管道一定要及时做安全检查。

东京电力福岛第一核电站，就发生过氢气爆炸的事故。爆炸是由于核反应堆的冷却过程失败引起的。

核燃料是被一种叫作“锆”的金属所制成的合金覆盖的。之所以使用“锆”，是因为其很难吸收中子。为了灵活地使用中子来引起核裂变的连锁反应，所以不宜采用会吸收中子的材料。

但是，一旦“锆”的温度超过 85℃，其就会与水反应变成“氢氧化锆”，并产生氢气。氢气从核反应堆中向收纳容器、整个建筑物蔓延。该起爆炸事故，据推断就是由大量的氢气聚集引起的。

氢气在建筑物内与空气混合并超过了 4.0% 的爆炸临界值，一遇到明火就会发生爆炸（氢气与氧气发生激烈的反应）。

安全火药与诺贝尔

诺贝尔发明了安全火药

爆炸离不开火药，而安全火药的发明人就是阿尔弗雷德·诺贝尔（1833 ～ 1896）。每年的 12 月 10 日——诺贝尔忌辰的这一天，在瑞典的斯德哥尔摩和挪威的奥斯陆（诺贝尔和平奖），会举行诺贝尔奖的颁奖仪式。

诺贝尔奖是根据阿尔弗雷德·诺贝尔的遗嘱设立的。其奖金来源于诺贝尔生前通过发明安全火药以及开发油田所积累的巨额财富，用来奖励“那些在前一年度为人类做出卓越贡献的人”。

人们在其逝世后设立了诺贝尔基金（总部位于斯德哥尔摩），从 1901 年开始颁发诺贝尔奖。最初设有“物理学奖”“化学奖”“生理学或医学奖”“文学奖”“和平奖”这五个奖项，1968 年又新设立了“经济学奖”，至此一共六个奖项。

诺贝尔奖奖章

阿尔弗雷德·诺贝尔，1833 年出生于瑞典，1842 年移居至俄国圣彼得堡。

当时，为了批量生产在欧洲很热门的硝化甘油，他的父亲与兄弟一起建立了一家小型炸药工厂。硝化甘油是一种无色透明的液态物质，受撞击或加热时会发生剧烈的爆炸。

由于硝化甘油具有强大的威力，所以有很高的利用价值，但是其运输与保存又是一个大难题。诺贝尔的工厂也曾发生过惨烈的爆炸事故，爆炸的威力摧毁了工厂建筑，几名正在劳动的工人也被炸身亡，其中就包括诺贝尔最小的弟弟。

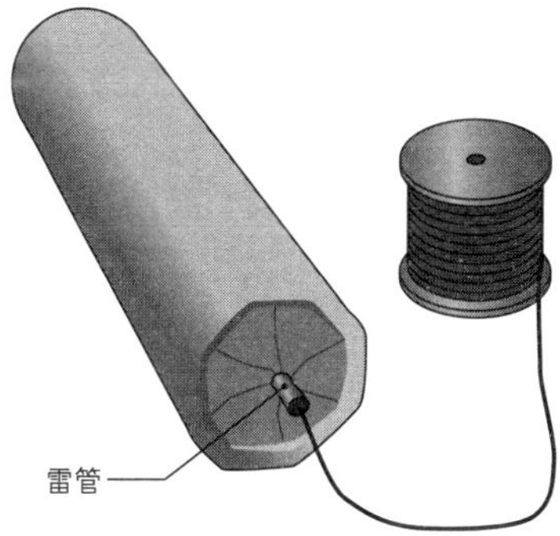

雷管示意图

他的父亲由于受到这次爆炸事故的打击，没过多久就去世了。诺贝尔就和他的几个兄弟一起，继续投入到提高炸药安全性的研究中。不久后，他发现可以用硅藻土来吸收硝化甘油，这样可大大增加其稳定性，运输和使用起来也更加安全。于是安全火药诞生了。

诺贝尔除了研究出安全火药外，还开发出了无烟火药，并被当作军用火药销往世界各国。其在世界各地开设有约 15 家炸药工厂，还在俄国开发巴库油田，积累了巨大的财富。

遗嘱中设立诺贝尔和平奖的真意

很多人认为，诺贝尔因为自己的发明被用于战争而感到

“惭愧”，因此才在其遗嘱中设立了诺贝尔和平奖。

其实，他并不是这么想的。

在诺贝尔还没有发明出安全火药前，和平运动家苏特纳（1843～1914）曾拜访过他。诺贝尔曾对她说：“为了永远不再发生战争，我希望能发明一种具有令人惊讶的震慑力的物质或机械”，“无论是敌方还是我方，短短一秒钟内，就会全军覆没，等到这样的时代真正到来时……”，“所有文明的国家，在这样的震慑面前，都会因此放弃发动战争并解散军队”。

也就是说，诺贝尔认为，只要做出了能在一瞬间让敌我同归于尽的武器，就不会有人再想挑起恐怖的战争了。

也许正是因为这种想法，他才会想要开发出优良的军用火药并卖给各国的军队。但他的这种想法又与后来在遗嘱中设立诺贝尔奖的宗旨——“奖给为促进各国间团结友好、取消或裁减常备军队以及为和平会议的组织和宣传尽到最大努力或做出最大贡献的人”相互矛盾！

诺贝尔在思考创设和平奖的时期，恰逢苏特纳的反战题材小说《扔掉武器！》（1889 年）在欧美掀起巨大的话题。所以，也有传言说诺贝尔是受到了这本小说的影响，才创设了和平奖。

硝化甘油的爆炸实验

我在教授高中化学课时，曾经用实验合成出的少量硝化甘油给学生们演示其爆炸的威力。由于硝化甘油受到冲击就容易爆炸，所以很难被运输和使用，我一边做实验一边讲解安全火药被发明的故事。

在试管中加入浓硝酸与浓硫酸并混合，用冰水将其冷却，然后滴入甘油并晃动混合，这样就制成了硝化甘油。经过过滤，滤纸上便留有硝化甘油。

用玻璃毛细管吸取无色透明呈油状的硝化甘油，然后将玻璃毛细管放到喷枪的火焰中，虽然只是很少量的硝化甘油，但还是迅速发生了爆炸。玻璃毛细管被炸得粉碎，爆炸产生的气流甚至吹灭了喷枪的火焰。

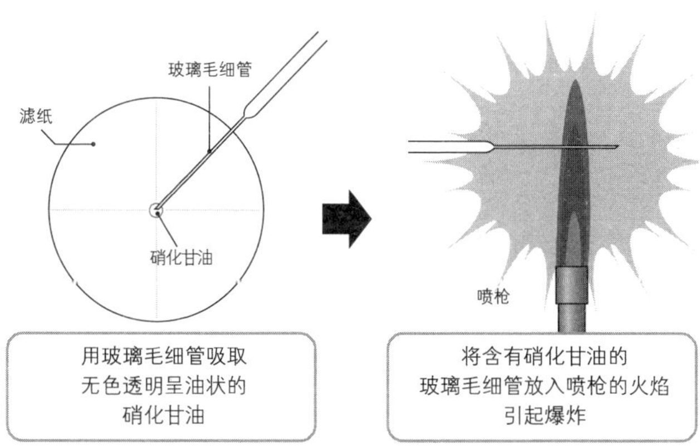

硝化甘油的爆炸实验示意图

在观察硝化甘油的爆炸时，必须要用丙烯制成的防护板将喷枪的周围挡好，以防飞散的玻璃碎片伤到学生。另外，实验中必须戴好护目镜。

将残留有硝化甘油的滤纸塞进试管，然后放到喷枪上，很多学生吓得往后退，因为他们在看过硝化甘油的爆炸后，认为这样做也同样会引起爆炸。

玻璃毛细管中的硝化甘油之所以会爆炸，是因为其处在相对密闭的空间中，而滤纸上的硝化甘油因为是开放的状态，所以结果只是剧烈的燃烧并没有发生爆炸。

硝化甘油可以拯救心脏

如果心脏中负责运送氧气与营养的冠状动脉发生堵塞，就会引起心脏肌肉（心肌）缺氧，从而导致缺血性心脏病。代表性疾病有心绞痛、心肌梗死。

在心绞痛发生或未发生前，都可以在舌下含服带有硝化甘油成分的药片，具有有效的治疗与预防效果。

人们发现在制造硝化甘油的工厂中劳动的工人很少患心绞痛，从而掌握了硝化甘油的这一作用。

硝化甘油之所以具有缓解心绞痛的效果，是因为其进入人体后会分解成一氧化氮，具有扩张血管的作用。由于发现了这一药理，美国的罗伯特·佛契哥特（1916 ～ 2009）等人于 1998 年获得诺贝尔生理学或医学奖。

当然，硝化甘油药片在加工时加入了添加剂，并不会发生爆炸，所以，在携带这种药片的人附近是很安全的。

蜡烛熄灭时氧气会有什么变化？

将瓶子扣在燃烧的蜡烛上

蜡烛与燃烧，这是在学校中常会进行的实验。

将蜡烛的蜡油滴一点在厚纸上，然后将蜡烛固定其上。当蜡烛在燃烧时，用瓶子自上而下迅速将其扣上。这样一来，如果是普通的牛奶瓶，几秒钟后蜡烛就会熄灭。

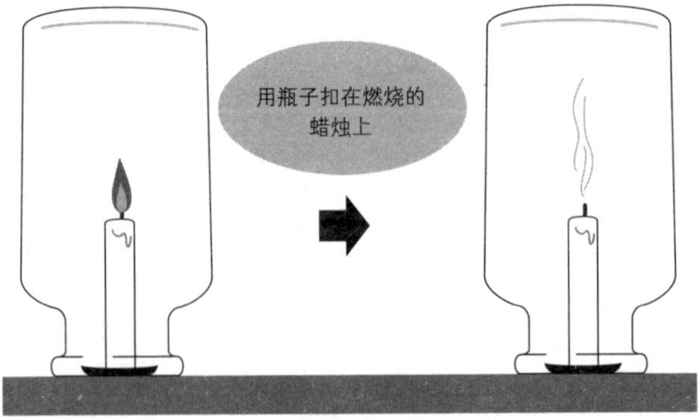

燃烧着的蜡烛……

准备好各种大小的瓶子，再来做这个实验，并对比蜡烛熄灭的时间，会发现大瓶子由于存有的空气较多，蜡烛持续燃烧的时间也相对较长。“燃烧”就是指物质与氧气发生激烈的反应并伴有光和热产生。氧气越多，燃烧的时间也就越长。

空气中约含有 20% 的氧气（干燥的空气中为 21%）。那么，当瓶中的蜡烛熄灭时，瓶中的氧气还有多少呢？

可能很多人会认为“蜡烛熄灭后氧气全没有了”吧，但是实际上，当蜡烛熄灭时，瓶中还有 16% ～ 17% 的氧气。

物质要燃烧，必须符合三个条件：

一、可燃性物质；

二、氧气；

三、达到物质燃点的温度。

如果“第二项”减少的话，就会使发热量减少，从而无法维持“第三项”的条件。

我们呼出的气体中，也含有 16% ～ 17% 的氧气。当我们向柴火中吹气时，火势会越来越旺，这是因为当我们吹气时，也会卷起周围新鲜的空气一并送到火焰处。

而向蜡烛吹气时，燃烧产生的蜡蒸气会被吹散，从而导致无法达到“第一项”的条件。

常见的错误解释

在水盆中装入浅浅的水，在水中漂浮的泡沫板上放置一小截蜡烛并点燃，然后用玻璃瓶扣在蜡烛上。

没一会儿，蜡烛的火焰就会熄灭。此时，瓶中的水位会上升。

蜡烛的火焰熄灭后……

针对这个实验结果，有人说“瓶中上升的水位，大约占瓶子容积的 20%。这是因为氧气全部被消耗产生的二氧化碳，而二氧化碳又是可溶于水的，所以水位上升了。由此得出空气中约 20% 是氧气”。

但是，这个解释犯了一个严重的错误。

实际上，即使蜡烛的火焰熄灭了，瓶中仍然还有

16% ～ 17% 的氧气残留。二氧化碳虽然属于可溶于水的气体，但并不是说会“很容易地”溶于水，必须要经过充分的晃动混合才行。

那么，水位上升（瓶中气体的体积减小）到底是因为什么呢？

这是因为气体被加热时体积膨胀，之后冷却时体积又产生了收缩。

火焰周围的空气由于被加热，所以膨胀了。膨胀的空气又被瓶子扣住。在燃烧过程中，瓶中的空气会进一步膨胀，并从瓶中排出。而火焰熄灭后温度下降，气体因冷却而体积收缩，这才导致瓶中的水位上升。

用钻石烤蘑菇?!

想要点燃钻石!

这是十多年前的事了。我在教初高中学校的理科时，曾冒出个想法——“想在学生面前演示将钻石点燃”。

之所以会有这样的想法，是因为中学以及高中的化学课中，都曾经反复提到“钻石是由碳原子组成的”。还说“如果将钻石点燃的话，会全部变成二氧化碳”。当时，我心想“从来没有亲自试过，每次却说得好像亲眼见过一样”。

所以，不要总停留在理论层面上，而要自己实际操作一次。

于是，除了利用互联网外，我还当面请教了初高中的学校老师。

结果很多人都是一样，虽然经常在课堂上讲这些内容，但没有人真正尝试过自己去点燃钻石。

于是，我就想不管怎样，也要自己去尝试一次。

入手钻石原石

首先要入手钻石原石。

可是到哪里去找呢？

我打电话给经营钻石生意的商家，通过他们联系上了钻石的进口商。在钻石进口商的办公室里，其向我展示了钻石原石，然后我终于得到了一直寻找的东西。

最开始，他取出一个 5cm×5cm 大小的塑料袋，里面装了许多细小颗粒状的钻石原石。我问他："这样一袋要多少钱？"他回答要 200 万日元。

就这么大约 100 个钻石原石，折算下来 1 个要 2 万日元呢。"没有便宜点的吗？"我问。

然后他从中选出了 10 个 0.05 克大小、无色透明的钻石原石给我："先生，这些可以免费提供给你做实验。"

当时我想得还比较乐观："钻石就是碳元素。现在有了原石，剩下的就只差点燃它们了。"

钻石不会这么简单就被点燃！

回去后，我马上就用喷枪来加热钻石。可是，钻石却安然如故，只是呈炽热的状态（通红发热的状态），而停止加热后，又恢复到原来的状态。

接着，我想既然在空气中无法简单地燃烧，那在氧气中应该就可以被点燃吧，于是又尝试在加热之后，立刻吹入氧气来助燃。但是，钻石仍然毫发无损。这样看来，要点燃钻石还真不是件容易的事。

于是我又通过互联网搜集各种各样的信息。其中，研究地球化学的东京大学名誉教授小岛稔在其讲义中曾提到过一种方法，“将加热的钻石原石投入液态氧”，通过这样的方式让钻石燃烧。

然后，还查到私立保善高中的教师和田志朗，其曾经成功地让钻石燃烧，于是我便请求他帮助我。

和田先生也表示，我之前尝试的方法是无法点燃钻石的。他所使用的方法，是在木炭中挖出一个小洞并将钻石放入其中，然后加热至通红的状态后停止加热，立刻向其中送入氧气。

我后来又尝试将钻石放入Pyrex（一种耐高温的硬质玻璃）试管，一边在试管中通入氧气，一边进行加热，结果只在试管上烧开了一个洞而已。真是屡战屡败啊！

钻石的构造

钻石的结构中，每个碳原子与相邻的 4 个碳原子形成共价键，其相互间形成了立体式的、坚固的巨大分子。所以很难被分解从而与氧原子结合，生成二氧化碳（难以燃烧）。

终于点燃了

但这并不是说，钻石就不能被点燃。有记录显示，法国的化学家安托万·拉瓦锡（1743 ～ 1794）就曾经用棱镜聚集太阳光使钻石燃烧，而英国的物理学家迈克尔·法拉第（1791 ～ 1867）曾经也成功地使钻石燃烧。

《岩波理化学辞典》中“碳元素”一词中也有“钻石在

700 ～ 900℃时会与氧气发生反应”的表述。于是我就想，即使无法加热至燃烧所需的温度，至少也可以尝试使其保持“热量一直无法逃散出去”的状态。

在砂碟中摆放用三脚架支撑的陶瓷筒（其上开有刚好能容纳钻石原石的小洞），放入钻石，然后用手持喷枪（说明书中说其火焰的温度约 165℃）进行加热后，用氧气瓶向其中输送氧气。这样一来，通过不断地输送氧气，可以保持一个热量较难扩散的高温环境。

在持续加热之后，钻石终于起火了！

钻石原石一边闪耀着白色的光芒，一边燃烧起来。其一旦被点燃，只要继续输送氧气，燃烧就会一直持续下去。

于是，我开始关注下一个问题：“利用氧气加热时，钻石到底是在多少摄氏度时才会燃烧呢？”

我希望可以通过耐高温的“石英试管”，来研究钻石燃烧时的具体温度。实验所使用的石英试管是我委托东京大学海洋研究所的技师，用石英管改造而成的。我在现场观看了整个石英管的制作流程，在封闭试管底部的圆底时，是用一个细长的石英管来调整形状的。

看到这里，脑中闪现出了一个想法，“在这种细长的石英管中放入钻石原石，然后通入氧气进行加热的话，就能较容易地实现其一直在火焰的高温状态中进行燃烧了”。

首先，将钻石原石与电子温度计的感应器放入石英试管，然后一边通入氧气一边进行加热，得出其燃烧时达到的温度超过 800℃。

接着，将钻石原石放入细长的石英管，一边通入氧气一边进行加热。将其放在理科实验室中常见的普通加热炉上，使原石被火焰的高温部分所包围，然后燃烧起来。生成的气体导入石灰水中后，使石灰水变成白色且浑浊。这说明燃烧产生了二氧化碳气体。

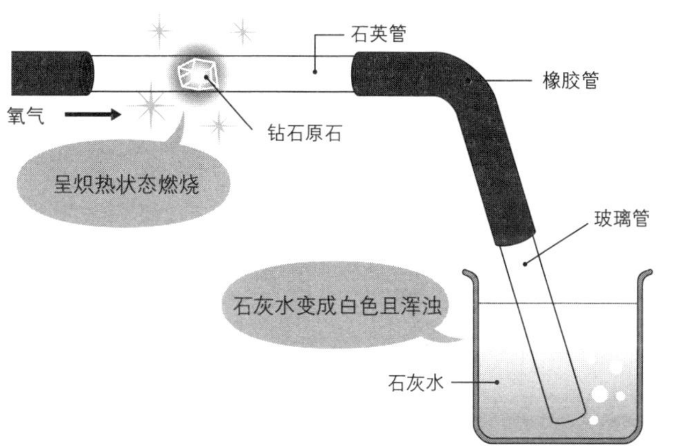

将钻石原石放入细小的石英管，边输送氧气边进行加热

使钻石燃烧的方法

①将小型的氧气瓶（或者装有氧气的塑料袋）与细长的石英管相连接，在石英管中放入钻石原石，在细管的另一端依次连接胶软管和玻璃管，并将玻璃管放入石灰水（最好在石英管的前端，放置铁丝制成的过滤网，可以防止通入的氧气将原石吹走）。

②一点点地通入氧气，然后加热钻石原石。

③钻石原石开始燃烧后，停止加热。可以观察到钻石从燃烧的状态变为炽热的状态。燃烧时钻石原石会整体发出白色的光芒。

即使停止加热后，原石仍会持续燃烧，石灰水会变成白色浑浊的状态。最后钻石会烧尽。

像这样，我们成功地点燃了钻石。

后来我收到互联网上《化学教育周刊》的邀稿，将整个过程写成了论文，即《钻石燃烧实验的教材化》（http://chem.sci.utsunomiya-u.ac.jp/v2n2/samaki）。

※ 要想进行钻石燃烧的实验，可以从互联网上购买到钻石原石以及细长的石英管。幸运的是，现在已有理科教材的出版者，开始制作销售专门的“钻石燃烧实验套装”。其中包括了石英管和橡胶管，以及两颗钻石原石，而且还可以另行购买原石。

“想用钻石来烤蘑菇吃”

现在，很容易就可以买到一套供“钻石燃烧”用的实验套装。但是又有一个难题随之而来。某电视节目组收到了来自一名小学生观众的求助信。

“矿物图鉴上写着‘钻石是由碳元素构成的’。那么应该也跟炭一样可以燃烧的吧……我很喜欢吃烤蘑菇，所以很想试一试用钻石来烤蘑菇吃！”

仅仅让钻石燃烧起来就已经如此困难了，当然，这名小学生肯定不知道，我为了使一颗钻石燃烧起来费了多大的劲儿，不然也不会异想天开要用钻石来烤蘑菇了。

目前来看，要点燃一颗钻石已经变得很简单了。但是，要用钻石来烤蘑菇，就需要产生足够的热量才行，那么又该如何一次点燃这么多的钻石呢？

该节目制作方的助理导演频繁地给我打电话。“我们已经准备好了小型的碳烤炉！”“从专营切割工具的厂商那里拿到了实验用的钻石！”“该怎样做才能用碳烤炉点燃钻石呢？”询问了一堆问题。

虽然被问了这么多，但是我也没有过同时点燃这么多钻石的经验，所以只能硬着头皮试着去挑战了。

要使钻石在空气中燃烧需要非常高的温度。所以最好准备氧气瓶，以使其在氧气充足的环境中燃烧。

拍摄当天，剧组和写求助信的学生家庭一起，用喷枪的烈焰来加热炉子中的钻石，结果当然丝毫没有动静。

接下来，就轮到我作为“让钻石燃烧的名人”登场了。

将从氧气瓶上引出来的橡胶软管，插入碳烤炉底部的空气通风口，向其中输送氧气。但是，由于钻石堆得太满，氧气没能送到炉子的上部。

然后用喷枪从上方对钻石进行加热，热量传递到了底部的橡胶软管中，结果炉子生出很大的火焰来。因为有氧气，橡胶软管也被点燃了。幸运的是，我马上停止了氧气输送，这才没有酿成大祸。

用钻石烤蘑菇

接下来我改用石英管来向炉子中输送氧气，同时将堆放的钻石摆得稀疏一些，再次进行实验。

“点燃啦！”

当喷枪的火焰还有一段距离时，一部分钻石已呈炽热状态。

当然，上面的蘑菇也被烤熟可以吃了。

我对节目组从专营切割工具的厂商那里拿来的人造钻石产生了兴趣。直径 1 ～ 2 毫米的颗粒，并非是用来做珠宝的，且原本无色透明的状态在氮气的影响下可以进行上色。拍摄时所使用的钻石的价值，大约相当于几台奔驰车的价值。

用价值几台奔驰车的钻石来烤蘑菇吃，这还真是一次奢侈的体验啊！

不用炭而是用钻石来烧烤，真是奢侈呀！

恐怖的一氧化碳中毒

用煤气自杀的行为

以前，常常会听到有人用煤气自杀的新闻。有的是用厨房中的煤气（含有一氧化碳），有的则是将煤气管子放入口中实施自杀。

可是，现在日本国内使用的煤气中，已经不含有一氧化碳成分了。但仍然还是有人企图通过口含煤气管子的行为来自杀。

虽然在这种情况下，也有可能因为只吸入了煤气而完全没有得到氧气，导致缺氧而死，但很多时候是不会造成死亡的。

更多的往往还是因为抽烟时点火、电冰箱启动时产生的电火花等造成的爆炸事故。因为房间中的煤气已经达到了爆炸临界值，所以当有静电或开关产生的电火花出现时，就会引起爆炸。

恐怖的一氧化碳中毒

在家中使用煤气或煤油时，最恐怖的就是可能发生的一氧化碳中毒。

一氧化碳属于无色无味的气体，所以较难感知其存在，可是它的毒性却很强。特别是在冬天烧煤炉时，就常发生一氧化碳中毒导致死亡的事故。

物质在燃烧时，都会或多或少地产生一氧化碳，特别是木炭、煤炭、煤气、使用煤炉等不完全燃烧状态导致的中毒事故时有发生。此外，汽车的尾气以及香烟中也含有一氧化碳。

一氧化碳对人体的影响

我们为了维持生命，需要向体内约 60 兆个细胞中输送氧气与营养补给。氧气需要与血液中的红细胞所含的血红蛋白相结合，才能在体内被运送。

但是，当我们吸入一氧化碳时，其也会与血液中的血红蛋白结合，而且一氧化碳与血红蛋白结合的能力约为氧气的 250 倍。

这样一来，就会导致氧气无法与血红蛋白相结合，从而无法将氧气输送到各个细胞中。

一氧化碳中毒的症状

一氧化碳的浓度	吸入时间与中毒症状
0.02%（200ppm）	2 ~ 3 小时，轻微头痛
0.04%（400ppm）	1 ~ 2 小时，头痛恶心
0.08%（800ppm）	45 分钟，头痛、目眩、恶心，2 小时，失去意识
0.16%（1600ppm）	20 分钟，头痛、目眩、恶心，2 小时，死亡
0.32%（3200ppm）	5 ~ 10 分钟，头痛、目眩，30 分钟，死亡

* 引用自东京煤气公司的调研数据

上表中 0.04% 这样的数值，大约是在标准的浴室（5 立方米）中混入 2 升的一氧化碳气体。只这么少的量就已经具有可引起头痛、呕吐的毒性。所以，烧东西一定要在通风良好的场地进行，以防出现中毒等症状。

如果不幸发生一氧化碳中毒，要将中毒者转移至有新鲜空气的场所，并立即接受医生的治疗。如遇呼吸困难或呼吸停止的情况，应立即采取人工呼吸。

发生一氧化碳中毒的原因及对策

到底在什么样的情况下，会导致一氧化碳中毒呢？

主要的原因是不完全燃烧。

汽车排放的尾气中含有 0.2% ～ 2% 的一氧化碳，且香烟中也含有一氧化碳，它们虽然不足以导致中毒，但对身体还是有害的。

在燃烧物质的现场，要保持良好的通风（换气）状态，也就是说，燃烧活动一定不要在换气很差的环境中进行，这一点很重要。

要定期检查灶具，以确保安全使用。如果使用灶具时闻到臭味或者火焰呈黄色，必须立刻停止使用，委托专人进行检测与维修。

另外，一般家庭中最好安装煤气报警器，一旦其检测到空气中含有一氧化碳，就会发出警报。

第2部分

探究可怕的化学谣言

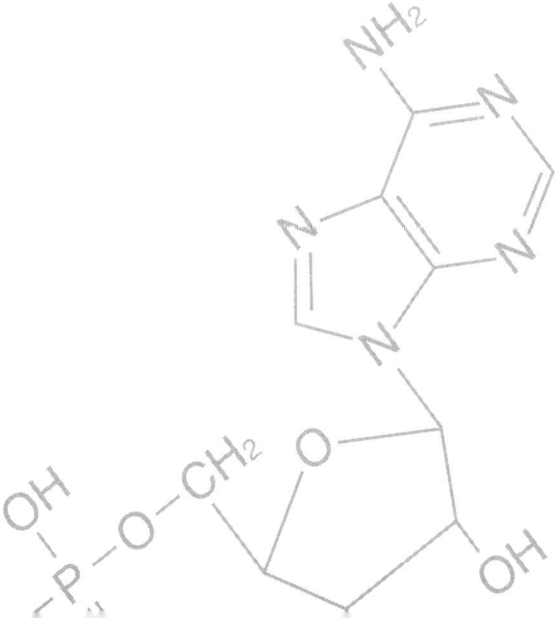

毒药的代表——氰化物与砷

过去毒药中的 No.1

据某项统计显示，日本从战后至 1952 年间，服毒自杀的人所选择使用的毒药排名第一位的是氰化物。而如果问普通人“你所了解的毒药是什么”，得到最多的回答也是“氰化钾”。

氰化钾、氰化钠是常被用来当作毒药的代表性化合物。不仅是自杀，还曾发生过将其投放在可乐瓶或乌龙茶饮料瓶中，实施隐秘杀人的事件。

成年人只需喝下 0.6 ～ 0.7 克的氰化物，就会在一分钟至一分半钟的时间内出现早期中毒症状，如头痛、目眩、脉搏加快、胸闷等。三四分钟后呼吸紊乱、呕吐、脉搏逐渐微弱，发生痉挛、意识丧失直至死亡。

摄入超过致死量的情况，必须立刻接受适当的治疗，否则会在 15 分钟内死亡。同一氧化碳中毒一样，可以通过静脉血是否呈鲜红色来判断是否属氰化物中毒。

氰化钾、氰化钠进入胃后，会与胃酸（淡盐酸）相遇，生成氰酸气体（氰化氢），而这种氰酸气体是含有剧毒的。所以，对于氰化物中毒的患者，不能采取“嘴对嘴”的人工呼吸，这很有可能导致施救者吸入氰酸气体。

杏仁也有毒

自然界中也存在氰酸类毒物。在梅子、杏子、桃子的种子中，就含有一种叫作“扁桃苷”的氰酸类配糖体（氰酸与糖的化合物）。其在酶的作用下会分解成一种叫作“羟腈”的物质。而羟腈又会分解成有剧毒的氰酸气体（氰化氢）。欧美国家就曾发生过因误食杏仁导致中毒的例子。只需 5 ～ 25 粒杏子的种子，就可致儿童死亡。

这些植物的种子可以入药，用来止咳镇肺，但千万不能食用过量。

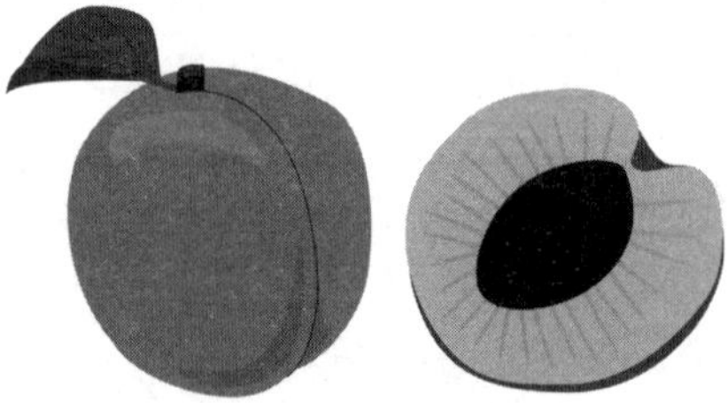

杏子的种子有毒

笨人的毒药——砷

提到“砷”这种物质的毒性，“无机砷”比“有机砷”的毒性要强，其中毒性最强的是“三氧化二砷”（俗称“砒霜”）。砷导致的中毒可分为像“和歌山毒咖喱事件”中那样一次性大量摄入后引起的“急性中毒”，以及常年摄取所导致的“慢性中毒”。

砷以及砷化合物，在古希腊作为强壮剂和增血剂来使用。

中世纪以后则作为自杀和他杀的毒药，在很多的历史故事中都曾出现过它的身影。三氧化二砷的水溶液呈无色无味的状态，少量摄取能使肤色变白，是爱美的女性喜欢使用的产品，但正是这种水溶液，在许多不允许离婚的天主教国家，成为谋害亲夫的工具。

三氧化二砷也被称作“亚砷酸”。很早以前在日本有人就用其来毒老鼠，也有人将其作为杀人工具。最近发生的“和歌山毒咖喱事件”就是一个例子。[①]

由于从前能较容易获得砷，所以其也被称为“笨人的毒药”。而在 19 世纪人们发现砷中毒的简易检测方法之后，就已经能很快查明是否属于“砷中毒”。特别是现在我们身边

---

① 译者注：1998 年 7 月 25 日，在日本和歌山县和歌山市园部地区举行的夏祭上，因所分发的咖喱中被掺入了砒霜，共造成 4 人死亡、数十人中毒的恶性杀人事件。

也已很难再弄到砷化合物了，所以，如果还有人用它来犯罪的话，很快就能锁定犯罪嫌疑人。

拿破仑是被毒死的?

法国皇帝拿破仑一世（1769 ～ 1821），曾被流放到大西洋上的孤岛——圣赫勒拿岛，之后在那里去世。当时，其死后公开的死因是胃癌。

但人们又从他的头发中检测出了砷元素，于是又出现了所谓的“被暗杀论”。砷在进入人体后，会随着血液被送往毛发、手指甲等处并且会有残留。所以通过对这些部位的分析，就能简单地知道是否属于砷中毒。通常毛发中会残留几十倍的砷元素。

但是，并不能因此就简单地说拿破仑死于砷暗杀。因为，拿破仑所处的时代，人们在清洗酒桶时就常会用到砷，而在喜好喝酒的拿破仑体内检测出有砷的残留，也就不是什么怪事了。

同时，在拿破仑还没被流放到圣赫勒拿岛之前，以及在他孩童时代的毛发中，也都检测出了大量的砷。由于当时在日常生活中砷被大量地使用，所以，其含量会如此多也就可以解释了。

有研究显示，从拿破仑生命最后五个月所穿的裤子，以及主治医生的记录来看，当时其体重骤降了 11 千克。

而死后的解剖中，也确认了因胃溃疡导致的胃穿孔，还发现了早期的癌细胞。所以也有人怀疑死因并非是胃癌而是胃溃疡。但不管是死于胃癌也好，还是死于胃溃疡也好，这些说法都比所谓的“砷暗杀论”更有说服力。

在日本，也曾在位于大阪府高槻市的阿武山古墓（7 世纪）的被葬者的头发中检测出了砷元素。有人推断这座古墓的主人，应该是大化改新时期有名的藤原镰足。

据《日本书纪》记载，镰足在去世前数月就已卧床不起，还曾接受天智天皇的看望。如果这些记载是真实的，那么就很难说他是死于“砷暗杀”了。因为，如果真的摄入大量砷的话，不可能还卧床数月，应该是短时间内就会死亡。

也有可能是其每天将砷当作长生不老药来服用，才导致其头发中残留有大量的砷。

饮水过量会发生什么？

物质主要是质量与体积

我们身边有着许许多多的“物质”。自从人类在地球上出现以来，就对我们身边的许多“物质”进行了各种各样的研究，了解它们的性质并加以利用，或将其改造并生成新的“物质”。

即使再小的物质，也存在质量与体积。

反过来说，只要拥有质量与体积这两个属性，就可称之为“物质”。

当我们在使用“物质”一词的时候，根据其外形、大小、用途、材料等着眼的重点不同，其含义也存在区别。特别是关注其外形与大小时，可以将“物质”等同于“物体”。

例如，杯子可以有玻璃杯、纸杯、金属杯等，当我们关注的是构成“杯子”这个物体的材质时，这种材质就可以被称为“物质”。

也就是说“物质是组成物体的材料”。

我们常用化学知识来分析“某个物体是由什么构成的”这一问题。所以，也可以将物质称为“化学物质”。

提起“化学物质”，也许有人会有一种可怕的印象。但是，化学物质是构成我们身边的空气、水、衣服、建筑物、食物、土地、岩石等一切物体的“物质”。

婴儿皮肤水嫩的原因

水在我们体内所占的比重，一般成年男性约为体重的 60%，女性则约为 55%。男女之间的这种差异，主要原因是男性体内肌肉较多，而女性脂肪较多。肌肉组织中含有很多水分，脂肪组织则含水分较少。婴儿体内约 80% 是水分，而成人为 60%，到老年时会进一步减少。60 岁的老人体内的水分只占体重的 50%。

婴儿的皮肤水嫩，而老年人的皮肤干瘪，就是因为体内水分的比重不同。

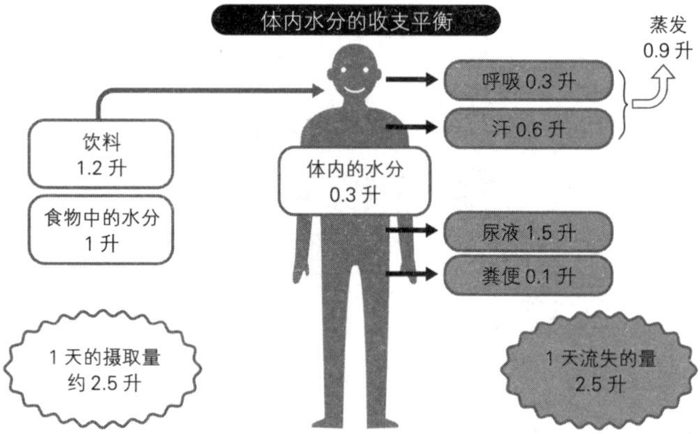

体内水分的收支

在身体内流动的水分，其重要的作用之一，就是可以溶解各种物质，并随着其在体内的循环，向细胞送去营养与氧气，同时带走新陈代谢产生的废物。

为了维持生命，我们每天必须补充 2 ～ 2.5 升的水。这个量的多少，除了与每个人身形的大小有关外，还与外部的环境、是否运动等有关。

另外，体内的水分大部分是以尿液的形式排出的。我们排出的水量与摄入的水量基本呈平衡状态。

水能够运送营养与氧气，同时也是体内化学反应发生的场所，更具有调节体温和渗透压的功能。所以说，水是我们生命中不可缺少的重要物质。

DHMO 是什么？

曾经有美国的学生发起签名活动，请求禁用一种名为"Dihydrogen Monoxide"（以下简称 DHMO）的化学物质。

DHMO 无色无味，每年却害死难以计数的人。大部分的死因是偶然吸入了 DHMO。其固体也可能会引起严重的皮肤损伤。

DHMO 是酸雨的主要成分，同时也是引起温室效应的罪魁祸首。

在今天的美国，几乎所有的河流湖泊以及蓄水池中，都发现了 DHMO 物质。不仅如此，其污染正蔓延至全世界。南极的冰川中也已经发现此种物质。

美国政府拒绝禁止对该物质的制造与扩散行为。

现在行动还为时不晚！为了防止更严重的污染，现在，我们必须行动起来。

这样的一个活动，得到了很多人的签名支持。

但这个 DHMO，其实就是一氧化二氢。用化学式写出来就是 H_2O，也就是"水"。

发起这个签名活动的真实意图，旨在唤起更加严谨的科学教育。的确，有很多人死于"溺水"，水也是酸雨的主要成分，水蒸气也是温室气体中温室效应最明显的。

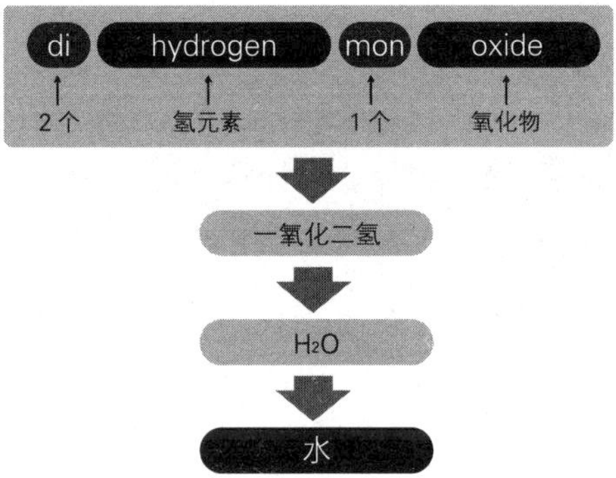

Dihydrogen Monoxide（DHMO）的真相

对于化学物质，乍一看其名称好像很恐怖的样子，但其实并不是这样，还是应多观察其实物。

如果人们不喝水

健康的成年人体内约有60%的水，如果流失了20%就会致死。以体重60千克的情况来计算，体内的水量约为36千克，其20%就是7.2千克。如果我们的身体失去这么多的水分，生命将无法维持。

我们每天通过尿液、汗液等排出体外的水分，约为2千克。

这样算来，7.2千克的水分就相当于3.6天的量。当然，停止进水后，从体内排出的量也会相应减少。虽然因此能生存更久一些，但根据计算结果来看，如果连续四天没有进水，还是会有生命危险的。

某些宗教的修行中会要求不能进食，虽然食物不能吃，但是水还是可以喝的。曾有记录显示，有人什么都不吃仅靠喝水，最长生存了 2 ～ 3 周的时间。由此可见，水对于生命有多么重要。

饮水过量导致的后果

虽然说水是人类不可缺少的物质，但饮水过量的话也会有害，甚至致死。2007 年 1 月美国举办的“喝水比赛”中，一名 28 岁的女性在中途没有去卫生间的情况下，总共喝下了 7.6 升的水，结果第二天被发现死在自己家中。一次性摄取大量的水分，容易导致体内的钠等电解质降低，引起水中毒。

在市民马拉松比赛中也曾发生过因过量补水，导致水中毒死亡或引起身体障碍的情况。也有人为了所谓的“排毒”而大量饮水，最终导致水中毒。所以，看起来安全的水，也会因摄取的方式不同而引起中毒。

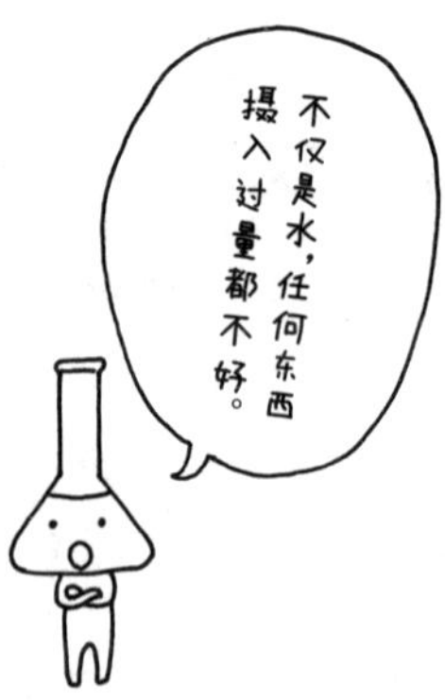
不仅是水，任何东西
摄入过量都不好。

“豪饮酱油致死”的真相

为逃避服兵役而喝酱油

前面已经介绍了过量饮水是会导致中毒的。

那么，顺着这个思路来看，世界上的所有物质，也许都是有“毒”的。只不过，要使其显出毒性，需要在“特定的场景”下达到“特定的量”才行。所以，当我们分析某种物质的毒性时，不能简单地判断它有没有毒，而是要考虑“以多少的量、以什么样的方式摄入，才会使其变成毒药”。

我们就以身边常见的“食盐”的安全性来进行分析。

以前日本实行的是征兵制，男性年满 20 岁要接受体检为主的征兵检查。

根据检查结果的好坏，依次分为“甲级”“第一乙级”“第二乙级”“丙级”等，而身体和精神状态不适宜服兵役的，则被归为“丁级”。

在征兵检查中获得甲级合格成绩的，将被认定为“帝国优秀臣民”（男性），获得如此高的“男性荣誉”，当然就意味着被征兵入伍的可能性也极高。

因此，为了逃避服兵役，有的人会在体检前大量地饮用酱油。喝了酱油后脸色变青，心脏的跳动也会加速，就容易被归入有心脏病的“丁级”行列。

但是，有时也会因饮用过量，导致很难救治或是死亡的情况发生。

酱油的成分

酱油有一种特有的鲜味（主要是谷氨酸与氨基酸），除此之外，还混合有糖分与有机酸等物质。

谷氨酸用于调味料的形式主要为谷氨酸钠，曾经人们认为大量摄入谷氨酸钠后，会引起所谓的“中华料理症候群”（头痛、脸色潮红、发汗等），不过现在已经研究查明，中华料理症候群与谷氨酸钠的摄取量之间并没有什么关系。

那么，大量摄取酱油会产生问题的原因何在呢？主要还是因为食盐（氯化钠）。

一般的酱油中盐分的浓度约为16%。酱油的密度为1.12

克 / 立方厘米，则 100 毫升的酱油约重 112 克。

所以，其中的食盐含量为 112×0.16 ≈ 18（克）。

急性中毒

人喝下氰化钾后，其会在体内分解并产生有毒气体，立即引起中毒的症状。当喝下的量超过 150 毫克时就会致死。

像这种，物质进入体内后短时间内就能产生毒性的情况，就叫作“急性中毒”。而关于致死量的研究，主要是用小白鼠、豚鼠等实验动物来进行的。

一般来说，致死量是将可致实验动物半数死亡的投喂量与其体重（每千克）的比值换算而成的数值（也称为 LD50）。

根据豚鼠的实际体重，投喂 15 毫克 / 千克的氰化钾，就可致半数实验动物死亡。因此，氰化钾的致死量 LD50 数据，就是 15 毫克 / 千克。LD50 的数值越小，说明毒性越强。

豪饮酱油引起食盐中毒

食盐的急性毒性半数致死量（LD50），大约是体重的（3 ～ 3.5）克 / 千克【也有文献资料称（0.75 ～ 5）克 / 千克，也有的称（0.5 ～ 5）克 / 千克。即使是相同的投喂量，根据实验动物的不同，LD50 的计算结果也不一样】。

按照“每千克体重 3 克食盐”的 LD50 数值计算，体重 60 千克的人摄取 180 克的食盐就会导致死亡。而这相当于 1 升酱油中所含的食盐量（由于 LD50 存在一定的变化范围，因此根据个人的体质不同，比这少的量也会很危险）。

在一些医疗场合也有可能发生食盐中毒。例如，为了防止饮酒过量而产生的呕吐，用高浓度的食盐水进行洗胃时就有可能发生食盐中毒。这会导致各脏器瘀血、蛛网膜下腔及脑内出血等症状。

也有人为了自杀，喝下约 600 毫升的酱油，这会使意识逐渐丧失，引起面部及全身性的痉挛，最终会因脑浮肿所引发的脑中心疝，致脑死亡的状态。

而在缓解渗透压的过程中，使用 5% 浓度的葡萄糖液进行快速输液时，也会引起脑中心疝。因此，针对食盐中毒，可通过缓慢地降低渗透压或腹膜透析等手段，来进行救治。

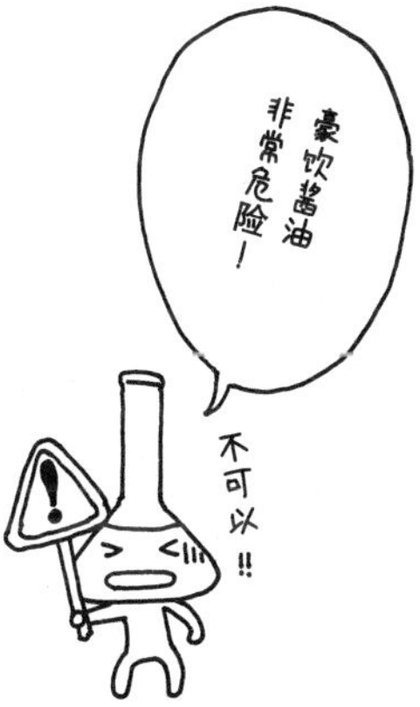
豪饮酱油
非常危险！
不可以!!

蝮蛇与章鱼——可怕的生物毒

我曾被蝮蛇与章鱼咬过

我曾经被蝮蛇与章鱼咬过。

说起来，有和我一样经历的人，也真的是没谁了吧？

儿童时代，一直在山里的农村中长大的我，曾经被蜜蜂蜇过，得过因毛虫引起的荨麻疹，中过油漆的毒，全家还曾因食用毒蘑菇而全体中毒。看来我的中毒经验是相当丰富啊！

两个出血孔

先来说说蝮蛇的毒吧！

这已经是二十多年前的事情了，当时全家去长野县野尻湖游玩。

蝮蛇、章鱼、蓝圈章鱼

我们花了整整一天时间，绕着野尻湖散步。

从林间看野尻湖，距离大约有 14 千米的样子。虽然环湖设有专供汽车和自行车使用的道路，但我还是想径直穿过灌木丛，直达岸边。

就在我扒开灌木丛向里走时，脚上传来一阵疼痛感。回到大路上后，才看见旁边立着“小心有蛇”的警告牌。

脱下鞋子后发现，脚上有两个间隔约 1 厘米的出血孔。因为没有看到蝮蛇，所以也不敢确定就是被蛇咬伤的，但是从整个状况来推测，应该就是遇到蝮蛇了。

幸运的是当时穿着鞋子，所以伤口并不太深。

针扎一样的疼痛感越来越剧烈，我不得不拖着这只脚回到了驻地。

刚好驻地有医生和护士在。在查看过伤口后，他们诊断“很可能是被蝮蛇咬伤，最好尽快去医院”。

在镇子上的医院里，医生确诊是蛇毒，于是打点滴，挂了几个小时的解毒剂。回家时医生交代我，“如果明天脚肿的话，还要再来医院”，不过所幸第二天疼痛和肿胀都有所缓解。

儿童时代曾经好几次遇到蝮蛇，但是却从来没了解过该如何应对。我当理科教师时，曾经发生过学生在郊游过程中，因为不知道是蝮蛇，而抓住其尾巴玩耍，结果被咬伤送医的事情……

如果被蝮蛇咬伤应如何做

据“俱知安保健所”网站上的《蝮蛇毒的对策》一文，“每年有 10 ～ 20 人会因蝮蛇咬伤而死，除此之外，因蛇毒引发的急性肾功能不全等重症病例，恐怕是这个数字的几倍之多”。

毒蛇分泌的毒液成分，是由数十种不同的蛋白质构成的，而每种蛋白质都起到不同的作用。蝮蛇的毒主要属于破坏血管组织的“出血性蛇毒”。

作为预防措施，在进山时要用木棒在身边敲打，以确认是否有毒蛇出没。因为距离 30 厘米时就有可能被咬到。

栖息在落叶及土上的毒蛇，由于其身体的保护色，很难被我们一眼发现，而如果是隐藏在树叶下面的毒蛇，就更无法被知晓了。所以，最好穿长裤长靴，这样即使被咬到毒液也无法进入体内。

被咬后通过静脉注射解毒血清，能得到有效救治。

章鱼也有毒

最近，可能是受到地球温室化的影响，也出现了有关《蓝圈章鱼北上中》的新闻报道。蓝圈章鱼属于章鱼中体型较小的一类，在其体表与触角上有圆环状的花纹和线条，看起来就像有毒的样子。被其咬伤后，会被注入一种叫作“河豚毒素”的剧毒，引起强烈的中毒症状。

在澳大利亚就曾发生过有人被蓝圈章鱼咬伤身亡的案例。

蓝圈章鱼属于蛸科动物。那么，被同属蛸科的章鱼咬到的话，会发生什么呢？

不久前我就刚刚被章鱼咬伤，当时我带着学校的学生们一起在伊豆旅游。在海中与学生们玩水时，脚碰到一个硬东西。

剧毒生物排行榜

排名	生物名	种类	毒液类型	半数致死量 mg/kg
1	纽扣珊瑚	珊瑚	神经毒	0.00005 ~ 0.0001
2	澳大利亚箱形水母	水母	混合毒	0.001
3	黑头林鵙鹟	鸟	神经毒	0.002
4	箭毒蛙	蛙	神经毒	0.002 ~ 0.005
5	波布水母	水母	混合毒	0.008
6	悉尼漏斗网蜘蛛	蜘蛛	神经毒	0.005
7	加利福尼亚蝾螈	蝾螈	神经毒	0.01
8	地纹芋螺	贝（芋螺）	神经毒	0.012
9	蓝圈章鱼	章鱼	神经毒	0.02
10	剑尾海蛇	蛇	神经毒	0.025

* 数据引用自今泉忠明所著《最可怕的 50 种剧毒动物》

于是捡起来，发现是一个筒状的容器，里面有一只小章鱼。“我抓到章鱼啦！”我边喊边向沙滩上走去。学生们还有旁边的人都围了过来。

我摊开左手，将章鱼放在上面，想向大家炫耀炫耀。

章鱼就从我的手掌缓缓地向手腕上爬。

就在这时，我感到一阵疼痛。原来章鱼的嘴巴里面也有类似鸟嘴里有的颚齿。我的手腕就是被章鱼的这种颚齿咬到，然后被注入毒腺中的毒液。

一旁的人们都还在笑着看章鱼的动作，而我因为太疼，将章鱼从手腕上弹开了。眼看着那只章鱼一步一步地挪回了海里。

众人还在那里笑着，我不得不把手腕收回来。伤口处一阵阵的刺痛，呈肿胀的状态，而且按压时会有无色透明的淋巴液溢出。

虽然没有去医院，但是伤口愈合也用了一两周的时间，到现在还能看见残留的伤疤。

之后我才了解到，拿章鱼时必须将手指插入其外套膜中才行。

开发毒气的犹太化学家

从空气中制造肥料

德国化学家弗里茨·哈伯（1868 ~ 1934）因其犹太人的身份，一直无法当上大学的助教。直至其三十岁时才被某大学聘为助教，于是他开始了勤奋的研究。

1906 年哈伯终于当上了化学教授，而此时他关注的领域，也是当时化学界最大的话题——如何将空气中的游离态氮转化为化合态氮。

当时的氮素肥料，主要成分是“硝酸钾”和“硝酸钠”，这些都是农作物生长过程中必需的养分，特别是对于细胞的蛋白质合成来说，是不可或缺的。但当时可获得的氮元素却十分有限。

虽然空气中含有很多的氮元素，但如果不能将其以“硝酸盐”或“氨盐”的形式做成肥料，就无法被植物吸收。

因此，当时用于生产肥料的“氨”，只能从天然的智利硝石或煤炭干馏时的副产品中获得。且当时一直依赖从南美的智利进口大量的硝石，总担心有一天资源会枯竭。

那么为什么不将占空气五分之四体积的氮元素拿来利用呢？

很多的化学家进行了这方面的挑战，可结果都失败了。最后，在德国化学厂商 BASF 公司的 C. 博施的技术协助下，哈伯与博施成功实现了“氨”的工业化生产。

具体来说，就是在 10MPa ～ 30MPa 的高压与 500℃的高温中，让氮气与氢气发生反应。这在当时的化学工业界尚无相关的处理经验，所以最大的难题是开发出能够承受如此高压、高温的反应装置。

而开发这种装置的任务就交到了博施手中。一开始使用的是铁质的反应装置，结果装置突然发生破裂，博施险些丧命，最后他终于研制出了可以耐高温、高压的反应装置。

哈伯与博施在“氨”合成法研究上所取得的成功，不仅是德国，更是全世界粮食增产的大功臣。为表彰他们所做的贡献，哈伯与博施分别于 1918 年、1931 年被授予诺贝尔化学奖。

合成氨的成功对战争的影响

1913 年，德国开始将哈伯与博施研究的氨合成方法（利用空气中的氮元素来合成氨）进行工业化。当年夏天，位于德国奥堡的工厂开始生产氨肥。同时，还可以用氨肥来制成硝酸，再用硝酸生产出火药。

1914 年年中，第一次世界大战爆发。

据说，当时的德国皇帝在得知了哈伯与博施成功研制出合成氨的消息后说："这下可以放心地开战了！"

由于当时受到海上封锁，对智利硝石的进口一度变得十分困难，所以才会有上面这样的传言吧！因为要进行战争，就需要有大量的面包（食物）与火药（弹药）。而"氨"，既是生产面包（食物）的氮素肥料，又是生产火药原料硝酸的重要物质。

话虽如此，但这个传说应该不是真的。因为在哈伯与博施完成氨合成法的研究之前，当时正处于战争临近爆发的时期。化学家埃米尔·费歇尔（1852 ～ 1919）就曾担心面包与火药的生产，于是向政府建言，可得到的答复是"学者不要干涉军事上的事情"而被拒绝。因为，当局预想会在短时间内结束战争。

结果，第一次世界大战打了四年多的时间，耗费了大量的火药。而氨合成法的工业化，从面包与火药这两方面，客观上都对战争起到了支持的作用。

从海水中提取黄金

第一次世界大战以德国战败告终，同时德国被要求支付巨额的赔偿金。哈伯为了自己的国家，想出了从海水中提取黄金来支付赔偿金的主意。因为在当时已经证实了 1 吨海水中含有几毫克的黄金，所以哈伯才会提出这样的想法。他在往来于汉堡和纽约之间的客轮上建立了秘密实验室，进行提取黄金的实验。

但是，哈伯所测出的海水中黄金的浓度，每吨中仅有 0.04 毫克（现在估计就更少了），而实际提取出的黄金量为零。就算真的能提取出黄金，其成本也要远远高于提取的数量的价值，所以不得不放弃这个想法。

开发毒气与妻子的自杀

1915 年 4 月 22 日，在比利时的伊珀尔，德军与法军的对战中，从德军阵地中冒出一股黄白色的烟雾，并随着春天的微风飘向法军的阵地。

在烟雾飘进战壕的同时，法军士兵就开始咳嗽、挠胸并伴随着惨叫声倒地……现场一片哀鸣，好似人间地狱。

在这场战役中，德军释放了 170 吨氯气，导致法军

5000 名士兵死亡，14000 人中毒，第二次伊珀尔战役成为人类历史上首次真正实施的毒气战。

而这场毒气战的技术指挥官就是哈伯。哈伯在劝说其他科学家和他一起投身毒气弹的开发时，曾抱以这样的理由，“如果通过毒气弹能让战争早点结束的话，就等于挽救了无数人的生命”。

哈伯的夫人、身为化学家的克拉克，深知使用毒气进行化学战会带来怎样的悲惨后果，因此她劝说自己的丈夫退出战事。但是哈伯却充耳不闻。

“科学家在和平时期属于世界，但在战争时期则属于国家”“用毒气弹才能让德国迅速取胜”，哈伯说完又出发前往了东部战线。而克拉克则在当天傍晚，结束了自己的生命。

受到希特勒的冷遇而出走国外

从广义上来说，在战争中最早使用毒气的国家是法国。法国曾解释说“我们所使用的溴乙酸，只是单纯地起到刺激剂的作用，并非是毒气弹”，但其确实在第一次世界大战中率先使用了毒气（催泪瓦斯）。

而真正将毒气弹用于实战的，则是上面所讲的第二次伊珀尔战役。在此之后，英军于同年的 9 月、法军于翌年的 2 月也使用了氯气进行报复。

德军与协约国双方都动员最优秀的科学家投入毒气弹的制造。

针对可以避免氯气伤害的防毒面具，人类又开发了毒性比氯气强 10 倍的窒息性光气，还有呈无色无味的状态，一旦接触就会使皮肤溃烂，引起严重的肺气肿，导致肝脏损伤的芥子气。而哈伯始终领导着这些毒气的开发。

毒气弹等化学武器的出现

日本	年份	事件
	1914	第一次世界大战爆发
	1915	德国军队在比利时的伊珀尔 首次使用毒气弹
	1925	日内瓦协议禁止使用化学武器
伪满洲国成立	1932	
	1935	意大利军队在埃塞俄比亚使用毒气弹
日本军队开始在中国战线使用毒气弹	1937	
广岛、长崎原子弹爆炸	1945	
	1988	伊拉克军队在库尔德人地区使用毒气弹
日本地铁沙林毒气事件	1995	
	1997	禁止化学武器条约生效

但是，希特勒上台以后，犹太人出身的哈伯颇受冷遇。作为无比爱国的化学家，哈伯却因为自己犹太人的身份，被迫辞去了病毒研究所所长的职务。

身心俱疲的哈伯离开了德国，前往瑞士的疗养院静养。后来，他又受雇于英国。但是，由于英国人对哈伯的毒气弹仍怀恨在心，所以他在那里工作得并不愉快。

无比失意的哈伯从英国前往瑞士进行休养旅行，于 1934 年 1 月 29 日在瑞士去世。

喝可乐会使牙齿和骨头溶解吗？

将牙齿或骨头放在汽水中会发生什么现象

以前在消费者运动中常常会做这样的实验，将拔下来的牙齿或者鱼骨头放在可乐中浸泡，然后发现牙齿或鱼骨被溶解变软了。

基于这样的结果，于是有食品评论家认为可乐存在危险性，“可乐喝到体内后会溶解骨质”。

牙齿或骨头，简单地说就是一种叫作“磷酸钙”的化合物（准确地说，是由成分与矿物质“磷灰石 [$Ca_{10}(PO_4)_6(OH)_2$]”类似的生物体磷酸钙组成的）。

牙齿或骨头在酸的作用下，会发生脱钙现象，然后变得柔软。虽然很多人认为“原因就在于碳酸饮料中的碳酸”，但是二氧化碳溶于水后生成的碳酸，其酸性是很弱的。所以，碳酸并不能成为骨质溶解的主要原因。

会使浸泡的牙齿或骨头溶解的汽水中，一般都会添加用作清凉剂的酸味剂（磷酸或有机酸，如柠檬酸和苹果酸）。所以，汽水的 pH 值才会是 2.5 ～ 3.5 的偏酸性。

只有在这种含有酸味剂的汽水中，牙齿或骨头才会因酸的作用发生脱钙现象。越是酸味大的汽水中所含的酸味剂就越多，其酸性也就越强。

总之，比起可乐来，含有柠檬的汽水更容易引起脱钙现象。

喝进体内的酸味剂会溶解骨头吗?

喝汽水时，饮料会与牙齿直接接触。但是，口中的唾液可以中和其酸性，所以，喝下的酸味剂并不会在体内与骨头直接接触。

而且，说起这个问题，就不得不提到我们的胃液。胃液中含有的盐酸，属于强酸。一天中我们要分泌出 1 ～ 2 升的胃液，因此，如果说汽水中的酸味剂进入体内会溶解骨头，那么即使我们不喝这种汽水，仅靠胃液也早就把我们的骨头溶解了吧。

还有一种说法是，“磷与钙的最佳摄取比例为 1:1 ～ 1:2，喝可乐会使我们对磷的摄取过量，从而溶解骨头中的钙质”。

磷是构成生物体的必需元素，我们体内所有的组织、细胞中都含有磷。此外，遗传因子DNA、在体内传递能量的ATP（三磷酸腺苷）中也都含有磷。即使不使用添加剂，所有的食品中也都含有磷。

我们会从各种各样的天然食品中摄取磷。即使完全排除汽水和加工食品的添加剂中的磷，也只会让我们的磷摄取量减少5%而已。

所以，饮用汽水或食用加工食品，并不用担心会导致磷超标。

另外，现在根据WHO（世界卫生组织）联合专家委员会的观点，“磷与钙的最佳摄取比例为1:1～1:2”这种说法，从人类的营养角度来看并没有什么实际意义。

喝可乐会溶解骨头，只不过是个传说罢了。
真好喝啊！

与“温泉”“泡澡”有关的真假传言

锗的效果毫无根据

一提到锗这种物质，许多人就会认为是“对健康有益的”。也有很多含锗元素的手镯等商品，号称只要佩戴上这些首饰，就能“纠正贫血”“缓解疲劳”“发汗”“有助新陈代谢”等。

“国民生活中心”针对市面上所销售的宣称“有益健康”的锗饰品，选取了十二种产品进行抽样调查。结果有的产品在其皮带部分并没有检测出锗，有的仅在其金属颗粒部分检测出了微量的锗，还有的则完全不含锗。所以，最大的问题是，这些产品所宣称的健康效果并没有得到科学上的认可。

另外，服用“无机锗”或“有机锗”也都是被禁止的。

20 世纪 70 年代兴起的“锗潮流”中，就有人因服用了含有“无机锗”的所谓“健康食品”而丧命。而“有机锗”也会引发健康问题，严重者也会导致死亡。

另外，曾流行的“锗温浴”，是指将含有锗的化合物溶解于 40 ～ 43℃的洗澡水中，然后全身泡在其中 15 ～ 30 分钟的一种沐浴方法。

某网站上还宣称“有机锗在人体内会生成大量的氧元素。经皮肤的呼吸摄入体内的锗，可溶解到血液中，使血液中的氧含量增加。通过血液的循环将氧输送到全身，促进新陈代谢”“有机锗在超过 32℃的环境中，会产生负离子和远红外线。这些被人体吸收后，能使身体升温，帮助新陈代谢”等。可是，如果有机锗真的能通过皮肤被血液吸收，那它就与口服锗没有什么不同。

而且，能使血液中的氧含量“增加”的大量氧元素，又到底是从何而来的呢？假设真的有这么多的氧被输送到了细胞中，其氧化效果反而会给身体带来负面影响。也就是说，这非常不利于健康。但是实际上，幸亏锗没有这样的效果，所以才没能引起健康问题。

关于负离子

关于“负离子”一词，其所谓的科学效果也没有得到证明，但仍有很多人认为“负离子有益健康”，甚至很多商品的宣传和说明书中也会提到负离子的效果。

此外，还有一些首饰在宣传疗效时使用的不是“负离子”而是“电子”的说法，但这些据“国民生活中心”的调查显示，也同样是毫无科学依据的。所以，即使“锗温浴”有温热手脚的效果，但也没有科学证据证明是其中的锗所带来的效果。

而“远红外线”是一种特殊的电磁波，人们认为“其被身体吸收后，能使体温升高”，但是，所有的物体都会产生远红外线，32℃的物体释放出的远红外线也不能使身体升温，因为其连身体的1毫米深度都无法到达。

也许正因为几乎无法被身体吸收，所以才使“锗温浴”不同于其他形式，到目前为止，还没有其会导致健康问题的报告。

岩盘浴是细菌的温床

“岩盘浴”的宣传文字中，也有着和“锗温浴”相似的内容，其中也用到了“远红外线”和“负离子”这样的词，因此也可以判断这是伪科学。我们常常会看到“远红外线可渗透至体内核心处，温暖身体，促进细胞活性化”这样的说明。但是，远红外线只能渗透到皮肤以下0.2毫米的深处，并转化为热量。而“活性化”“增强免疫力”等说法，也都是毫无科学或医学依据的。

还有的宣传“有排出体内的毒素（水银、铅、镉等）的效果”。考虑到会出汗的可能，所以不能说完全不会排出体内的废弃物，但是说能排出体内的很多毒素，就不太现实了。

“岩盘浴”由于不需要浴缸，普通的一间房子花点儿钱简单改造一下就能开业了。还有一些岩盘浴店甚至连淋浴间都没有。

所以，“岩盘浴”最大的问题还是卫生管理问题。2006年某周刊杂志就刊登了这样的内容：“从市内的岩盘浴店的地板中，检测出了高于一般家庭地板240倍的细菌。”

虽然通过换气、清扫、充分消毒等措施，可以有效地抑制细菌的繁殖，但是卫生管理很差的话，细菌、霉菌还是有可能滋生的。

再冷也是温泉

哼着小曲儿，泡在温泉中，真是能让人身心整个焕然一新啊！

日本全境一共有多少处温泉设施呢？根据自然环境局2006年的统计数据，日本一共有3100多处温泉（带住宿的设施）。

这个数字仅指的是带有住宿设施的温泉场地。除此之外，还有许多隐藏在深山之中无人知晓的温泉，或是不带有住宿设施的温泉，所以实际的数字会比这个多。日本可真的是一个温泉大国啊。

说起“温泉”，印象中一般就是“涌出的温热泉水”吧。但是，就像我所居住的千叶县，就有温度为 15℃、16℃、17℃、19℃的温泉，东京都内也有 12℃的温泉。

这些低温的温泉，大部分都需要加热后才能入浴。为什么温度这么低的泉水，还可以被称为“温泉”呢？

日本 1948 年制定的《温泉法》中有对“温泉”的定义，“从地下涌出的温水、矿水以及水蒸气等其他气体（主要成分为碳化氢的天然气除外），温度超过 25℃，或含有 19 种特定物质中的一种”。也就是说，涌出的温度低于 25℃时，如果含有 19 种物质中的一种的话，也可以称为“温泉”。反之，温度超过 25℃，即使完全不含有特定的物质成分，也仍然算是“温泉”。

二氧化碳温泉的功效很明显

温泉场地常会张贴有“相关适应证”内容的告示板。实际上，在各种各样的温泉中，还没有能从生理学或医学的角度来验证其功效的泉水。

温泉的功效

与其认为是温泉的成分带来功效，不如说是泉水的温度有可以刺激神经系统和荷尔蒙的分泌、增强免疫力、促进新陈代谢等优点。

此外，说到疗养效果，在绿油油的温泉里慵懒地泡着温泉，带来的放松感还是很明显的。

但是，泡温泉还是比较耗费体力的。有时可以舒筋活血，使细胞活性化，但也有可能使原来的症状恶化。特别是老年人，由于对温度不敏感，容易泡温泉过度而发生脑充血，增加心脏的负担，甚至有引起脑内出血的危险。

即使是在温泉的“相关适应证”中，也没有明确写出具有哪些预期的功效，都只是一些普通疾病而已。

之所以没有写上对癌症、糖尿病等这些特定疾病的功效，应该是怕触犯药事法的禁令吧！

温泉的一般适应证 神经痛、肌肉痛、关节痛、肩周炎、运动麻痹、关节炎、青肿、挫伤、慢性消化系统疾病、痔疮、体寒、病后恢复期、疲劳恢复、增进健康
温泉的一般禁忌证 急性疾病（特别是有发热的症状）、结核病、恶性肿瘤、严重的心脏病、呼吸不全、肾功能不全、出血性疾病、严重贫血、其他一般处于病中期的病患、孕妇（尤其是孕早期与孕晚期）

适应证·禁忌证的例子

相反，倒是将结核病、心脏病等明确的疾病，列入了“禁忌证”的项目中。

也有宣称“可治疗癌症”的温泉，但那都是从个人体验的角度来说的，并没有任何的科学依据。

这其中，功效较为明显的还是“二氧化碳温泉”。

“二氧化碳（碳酸气体）”属于温泉法中所提到的 19 种物质中的一种。

二氧化碳温泉（旧称：碳酸温泉）是指每 1 千克泉水中，含有超过 1000 毫升的二氧化碳。

二氧化碳具有扩张血管的作用。当身体中的细胞获得营养与氧气后，生成二氧化碳，使得血液中的二氧化碳增加。

而二氧化碳增加后，身体会产生缺氧的信号。于是便拼命地向细胞中输送氧气，以将二氧化碳排出体外。在运送氧气与二氧化碳的过程中，血液的循环会增快，血管得以扩张。皮肤中的血流通畅后，颜色会比没有接触泉水的部位更红。

二氧化碳可经皮肤被吸收。毛细血管与较细的动脉会扩张，大动脉和大静脉的血管也会扩张，在不增加心脏负担的前提下促进血液循环。血液循环改善后也有助于新陈代谢，可缓解疲劳，治疗肌肉伤痛。

不用加热就能直接入浴的天然二氧化碳温泉，全日本也仅有几处。其中一处就在大分县西南部的竹田市，位于九重山麓的长汤温泉乡。

二氧化碳的气泡密密麻麻地排在皮肤上

作家大佛次郎（1897 ～ 1973）在他的游记中将这里的温泉叫作“汽水温泉”。在长汤温泉乡，沿着河流岸边分布有十几家旅馆。我曾住过其中一家，除了房间内的二氧化碳温泉外，也去泡了露天的“汽水温泉”。

进入温泉后，皮肤上会密密麻麻地排列二氧化碳的气泡。温度 32℃的泉水也让身体变得很温暖，很悠闲地泡了两个多小时。

现在，也可以在自家浴缸中放入能产生二氧化碳的入浴剂，享受在家中泡二氧化碳温泉。其主要成分是“富马酸”和“碳酸氢钠”。

“碱性食品对身体有益”是谣言

如何区分酸性与碱性

腌梅子、柠檬等虽然吃起来是酸味儿的，但却被称为“碱性食品”。可当用检测酸碱性的试纸来检测腌梅子或柠檬时，结果的确显示为“酸性”。

这也就是说，即便是被称为“碱性食品”，其自身也不一定是碱性物质。

实际上，我们是这样来定义的：食物燃烧后残留下的灰烬，如果是呈碱性的，那就属于碱性食品；如果是呈酸性的，则属于酸性食品。

腌梅子、柠檬等有酸味儿，是因为含有一种叫作“柠檬酸”的有机酸，但由于柠檬酸是由碳、氢、氧构成的，所以燃烧后只会变成二氧化碳与水。而其燃烧后的灰烬中，主要成分是含有大量钾元素的“碳酸钾”，这是一种呈碱性的物质。

此外，蔬菜、水果、大豆、牛奶等也都是碱性食品。这些食物中除含钾外，还含有钙、镁等许多碱性物质。

硫黄与磷燃烧后会生成二氧化硫（亚硫酸气体）以及五氧化二磷（真实结构为十氧化四磷，溶于水生成磷酸）。因此，含有硫黄和磷的食物，都可归为酸性食品。例如，米、小麦等谷类以及肉、鱼、蛋等。

吃酸性食品会让体内环境呈酸性?

传统营养学（几十年前在日本十分流行）认为，不同的食品会让我们体内的酸碱值变成“偏酸性”或“偏碱性”，因此，可将食品分为酸性与碱性。另外，由于我们的血液是呈弱碱性的，所以“当血液变酸性就会对身体有害”。

而按照食物燃烧时的灰烬来分类的方法，是假设“食物在我们体内消化时，会发生与燃烧相同的反应”。

但是，“燃烧”是指在高于700℃的高温中发生的激烈氧化反应。这与我们体内的化学反应完全是两码事。现在，通过研究我们已经弄清楚了在体内所发生的各种各样的反应，也证明了“食物消化后让体内环境变酸性或碱性”这种事是根本不可能发生的。

我们的身体，除血液接近中性外，基本是保持弱碱性的。pH值一直保持在7.4，上下变动的范围不超过7.35～7.45。

身体的pH值如果发生较大变化的话，会引起各种机能障碍。蛋白质的构造也会产生变化，生物酶的活性也将受到影响。

因此，我们的身体会对酸碱性进行调节。例如，通过肺与肾脏可以调节血液的酸碱性。特别是碳酸氢根离子，其最重要的作用就是直接调节体液的酸碱平衡。

首先，氢离子是体液呈酸性的原因，氢氧根离子则是体液呈碱性的原因。

如果，体液中的氢离子浓度升高，也就是体内酸性的程度变强时，氢离子会与碳酸氢根离子发生反应生成碳酸。其结果就是氢离子会减少，体内酸性的程度会被减弱，也就无法形成强酸性的状态。而碳酸则会变成二氧化碳与水，二氧化碳会经由肺部排出体外。

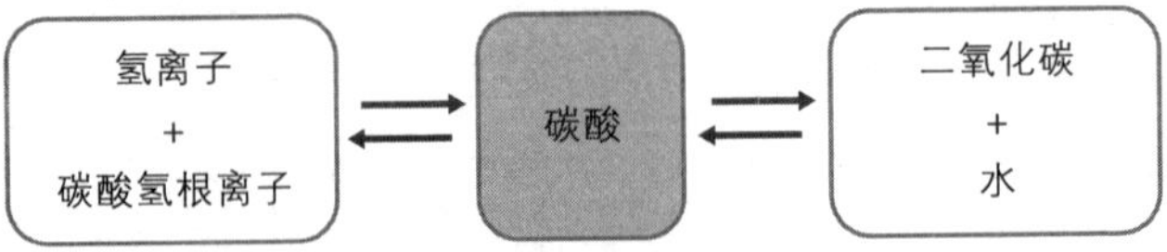

体内调节酸碱性的反应

反过来，氢离子的浓度降低，氢氧根离子的浓度升高的话，体内碱性的程度会变强，碳酸就会分解成氢离子与碳酸氢根离子，使氢离子的数量增多。增多的氢离子会与氢氧根离子发生反应变成水，这样氢氧根离子就会减少，体内碱性的程度也会被减弱。

除此之外，磷酸类、蛋白质类物质也会起到调节酸碱性的作用。

因此，即使一直只吃被归为“酸性食品”的食物，也不会让体内环境变成酸性。实际上，根据以往的实验（在十天的时间里只吃酸性或碱性的食品，然后检测血液的酸碱性）结果，也证实了这一点。

虽然血液也有呈偏酸性的情况，但那绝不是食物的原因，而是由肺部或肾脏发生病变导致的。血液呈酸性时我们将难以维持生命。

另外，血液呈偏碱性的话，也会引起悸动、气短、恶心、手脚麻痹等症状。

血液的 pH 值范围超出 6.8 ～ 7.6 时，也就是呈强酸性或强碱性的话，我们将有生命危险。

“碱性食品或饮料对身体有益”这话毫无意义

日本人还保持着“碱性”等同于“有益健康”的固有

印象。尽管在欧美国家的营养学中，早已认为所谓的“酸性食品”“碱性食品”之分是毫无意义的，但仍有一部分营养学家，坚持老旧的思维，在那里宣扬“肉类是酸性食品，对身体无益”“蔬菜是碱性食品，对身体有益”等说法。

很多经营食品、饮料的商家也利用了这种说法，向没有专业知识的人们宣传自己的产品是“碱性食品”。应该停止这种对食物的酸碱分类，并取消这些用语。

但是，在中学的理科教科书中，仍然有关于“酸性食品”“碱性食品”的内容。这种错误的说法究竟还要延续到什么时候呢？

仔细想想，其实我们每天当作主食的米、谷物等也都属于所谓的“酸性食品”。我们不应将关注的重点放在所谓的“酸碱性”上，而应注重三大营养物质①以及矿物质、维生素的膳食平衡。

① 译者注：三大营养物质为糖类、脂类和蛋白质。

第3部分

不禁想要尝试的化学实验

折纸游戏用的银箔纸是金属吗?

物质按其组成结构可大致分成三类

一、由分子构成的物质（分子性物质）。

二、由离子构成的物质（离子性物质）。

三、由金属原子构成的物质（金属性物质）。

此外，还有像钻石、聚乙烯这样的由巨大的分子所构成的物质，无法被归类到这三大类物质中，我们在这里予以忽略。

作为固体的一种，晶体基本上分为离子晶体、原子晶体、分子晶体和金属晶体这四种。

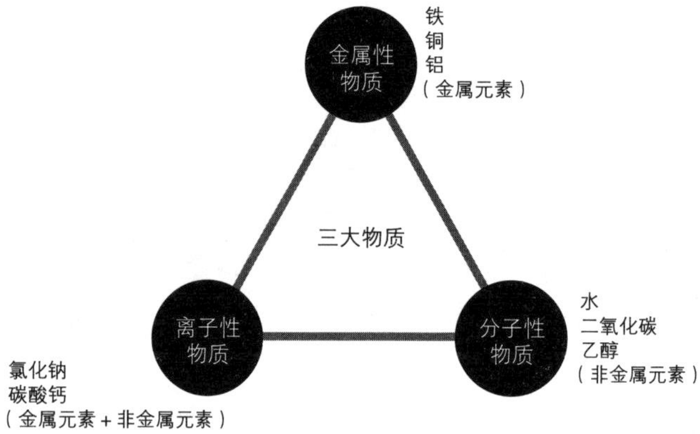

三大物质

其中，分子晶体较柔软且熔点低；离子晶体较坚硬，熔点也高；金属晶体则具有金属光泽，有良好的导电、导热性能。

这三大物质中，由金属原子构成的物质，当然只会包含金属元素；而由分子构成的物质，当然只会包含非金属元素；而离子构成的物质，则同时包含金属元素与非金属元素。

特有的光泽：金属光泽

元素周期表中有约 100 种元素，其中占八成以上的是金属元素。

金属元素的原子大量聚集后形成的“金属”物质，具备以下三大特征：

- 具有金属光泽
- 具有导电、导热性能
- 具有延展性

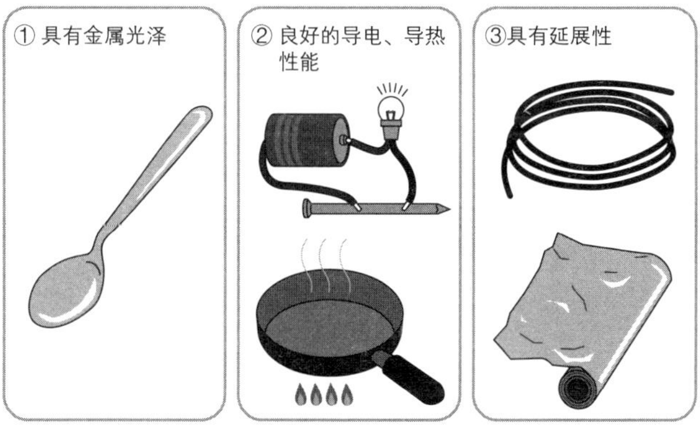

金属的三大特征

“延展性”——其中的“延性”是指在外力作用下能延伸成细丝而不断裂的性质，“展性”是指在外力作用下能碾成薄片而不破裂的性质。“延性”与“展性”一起合称为“延展性”。

从原子角度来说，“金属”都是由金属原子构成的，原子中存在很多可自由移动的电子（自由电子）。闪闪发光的金属光泽，是照射到金属表面的光线几乎全部被反射所形成的。

当金属原子与非金属原子结合时，金属原子会失去自由电子，转移到非金属原子中。也就是说，金属元素与非金属元素形成的化合物就不再是金属了。例如，铁的氧化物是由“金属”的铁与“非金属”的氧形成的化合物，不再具备金属的相关性质。

铁、铜、银、金等金属具备独特的光泽。金属经打磨后所呈现的闪亮的光泽，叫作“金属光泽”。像十日元硬币的表面，有时会有锈迹而呈茶色，但只要将其表面的锈迹除去，就能露出其原本的赤铜色金属光泽。

大部分的金属光泽都是银色的。除此之外，还有“铜”所具有的赤铜色，“金”所具有的金黄色。

以前的镜子与现在的镜子

以前的镜子（青铜镜），主要就是利用金属的光泽做成的。在历史教科书里，常常会出现青铜镜背面的照片，但真正用来照镜子的正面则是闪闪发亮的。作为研究历史的素材，青铜镜的形状与背面的造型都有重要的研究意义。

青铜镜长时间使用后，其正面会变得模糊不清。因此，江户时代就出现了专门帮人打磨镜子的职业。

用制作腌梅子时得到的梅子醋来除锈，然后涂上一层薄薄的水银，青铜镜就闪亮如初了。

那么，现在我们所使用的镜子也用到金属了吗？用砂纸稍稍打磨镜子的背面，可以看到银色的金属层，其具备导电性。而如果打磨过了头，镜子就变成透明的了。

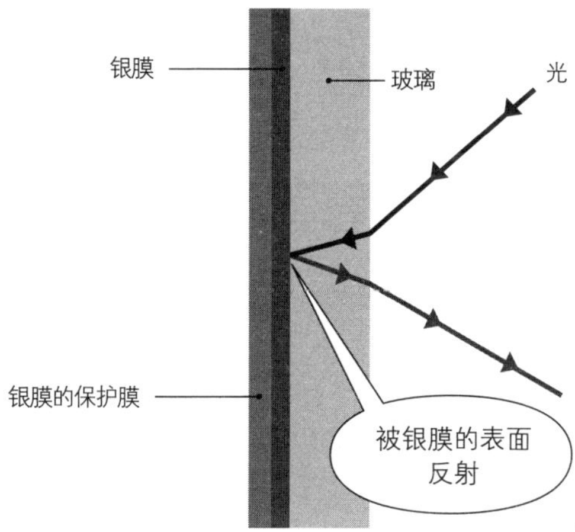

镜子的结构

因此，我们现在所使用的镜子，表面是玻璃的，在其背面镀了一层银，然后还有一层保护膜，这样可以长时间地保持其金属光泽。

身边的金属——“硬币”

在我们的身边也可以找到很多的金属。

例如，常用的硬币。日本所流通的硬币，其面值分别为一日元、五日元、十日元、五十日元、一百日元、五百日元这六种。

在某种金属中加入其他的金属，或是加入“碳”等其他非金属混合在一起的物质叫作“合金”。那么，有哪几种硬币是完全由一种金属制成的呢？也就是说，使用的并非合金。

非合金的硬币只有“一日元硬币”这一种。一日元硬币是用纯铝制成的，而其他的硬币则全部是铜的合金。使用合金可以让硬币变得更坚硬，所以大部分的硬币都是用合金制成的。

十日元硬币看起来是铜做的，但其中混有“锌”和“锡”。

这些硬币，根据其是否有开孔、大小形状以及合金的材质等，都可以一眼分辨出来。

另外，大面值的五百日元硬币，其使用的材质十分复杂，这样可以起到防伪的作用。同时其导电性也有一定的变化，所以能让自动售货机更容易分辨出伪造的硬币。

金属都具备独特的光泽，经打磨后会闪闪发亮，这叫作“金属光泽”。

硬币被打磨后也同样会闪闪发亮。

五日元硬币被称作“黄铜币”，十日元硬币被称作“青铜币”，五十日元硬币被称作“白铜币”，一百日元硬币也被称作“白铜币”，五百日元硬币被称作“镍黄铜币”。

硬币的材质一览

一日元硬币	100% 的铝（铝币）
五日元硬币	黄铜→60% 的铜 + 40% 的锌（黄铜币）
十日元硬币	青铜→95% 的铜 + 3% ~ 4% 的锌 + 1% ~ 2% 的锡（青铜币）
五十日元硬币	白铜→75% 的铜 + 25% 的镍（白铜币）
一百日元硬币	白铜→75% 的铜 + 25% 的镍（白铜币）
五百日元硬币	镍黄铜→72% 的铜 + 8% 的镍 + 20% 的锌（镍黄铜币）

硬币能导电吗？

将干电池与灯泡连接起来，然后将导线从中间剪断。当在其中放入可以导电的物体时，灯泡就会亮起。通过这个简单的“灯泡检测器”装置，可以用来检测物体的导电性能。

首先，我们放入具有红色金属光泽的铜板与铜线时，灯泡亮了。这是因为“铜”是具备良好导电性能的金属，而且常用来制作电线。

然后，分别将具有金属光泽的一日元硬币（铝币）、五日元硬币（黄铜币）、十日元硬币（青铜币）、五十日元硬币与一百日元硬币（白铜币）、五百日元硬币（镍黄铜币）放入其中，看看会不会导电。

各位读者请预测一下结果吧！

除了一日元硬币外，其他都是铜合金的材质。首先，从红色的十日元硬币开始测试，灯泡被点亮了。经过测试，发现从一日元到五百日元的硬币，全部都能导电。

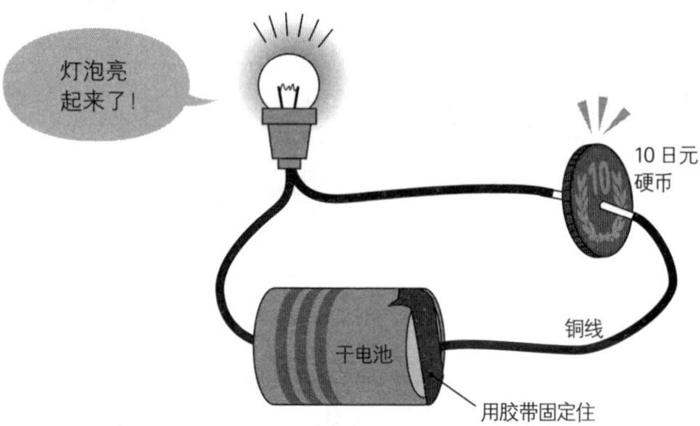

用“灯泡检测器”来检验导电性能

除了硬币以外，我们还可以试试其他的东西。例如，铅笔盒里面的文具。我们可以发现，其带有银色金属光泽的部分，是能够导电的。

再用“灯泡检测器”试试金属汤匙、水龙头等，也都能够导电。所以，具有金属光泽，同时也能够导电的物质，都叫作“金属”。

折纸游戏用的银箔纸与金箔纸的成分

那么，“铝”表面的物质或者折纸游戏用的银箔纸、金箔纸又是什么呢？

“铝”这种金属会与空气（氧）、水发生反应，表面会变得像锈了似的，这是因为其自然放置时，表面会形成一种紧致（排列得满满的）的膜。这是由“铝”与空气中的“氧”结合所生成的氧化膜，也可以看作是一种“锈”，其具有防止金属被进一步腐蚀的作用。

通过人工的方式加厚这层氧化膜，可以让“铝”变得更加牢固。这样我们就得到了“耐酸铝”，它不再属于金属。这种加工方法是由日本人发明的。用“耐酸铝”制成的饭盒非常坚固耐用。通过“灯泡检测器”的实验可以发现，“耐酸铝”无法让灯泡亮起来。

如果用砂纸打磨“耐酸铝”使其露出里面的部分，这时就可以导电了。

另外，外部保护膜的部分被打磨掉后，里面的本体就很容易被腐蚀，所以平时不要用砂纸打磨。折纸游戏用的银箔纸、金箔纸，其表面也有金属的光泽。用“灯泡检测器”

实验发现，银箔纸是可以导电的，这是因为银箔纸是在纸的表面贴了一层薄薄的铝箔。

而金箔纸无法导电，但经过大力锤压之后，也可以导电。用砂纸仔细打磨金箔纸的表面，或者用清洗指甲油的溶液来擦拭的话，就会使其露出银色的部分，正是这银色的部分可以导电。实际上，金箔纸就是在银箔纸上，又涂了一层橙色的透明漆做成的。

因为这种涂层的材质并非金属，当然也就不能导电了。当大力锤压时，这部分涂层会被破坏，所以才可以导电。像金属这样可以导电的物体，就叫作“导体”；而除金属以外，几乎大部分的物体都不导电，所以叫作“绝缘体”。

钙是什么颜色？

关于钙

如果被人问起“钙是什么颜色的”，你会怎么回答？

问题的前提条件是完全由钙原子构成的物质（纯钙）。

面对这个问题，也许最多的答案是“白色”吧。因为很多人对“钙”的印象，是像牛奶一样的白色。

骨头、蛋壳的成分以及小鱼中都富含“钙”，但实际上，像骨头这样常被认为是由“钙”构成的物质，其实都是钙原子与其他原子结合的化合物。

骨头其实是由“钙”“磷”“氧”结合而成的“磷酸钙”物质，而蛋壳则是由“钙”“碳”“氧”结合而成的“碳酸钙”物质。

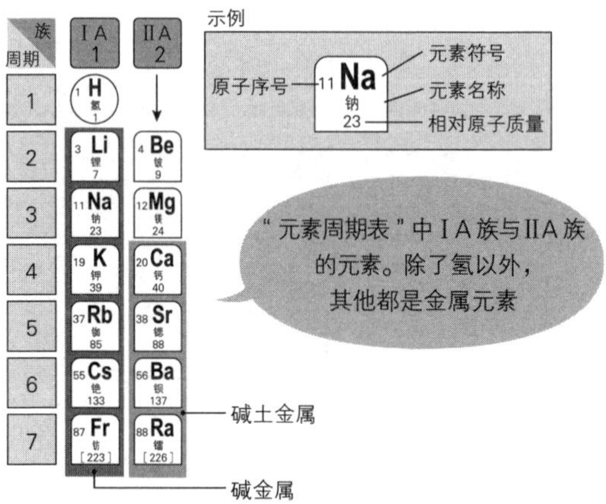

钙、钡属于碱土金属

完全由钙原子构成的物质，是银色的坚硬金属。

钙放入水中后，会产生很多的气泡并溶于水，气泡中是氢气，其溶解后生成的就是氢氧化钙水溶液（石灰水）。

那么，完全由钡原子构成的物质，又是什么颜色呢？说起“钡”，常让人想起做胃镜检查时需要提前喝下的白色浑浊的液体。

胃镜检查前所喝的这种“钡”，是被称为“硫酸钡”的化合物。真正的“钡”其实是银色的。

仔细看一下“元素周期表”，从上面的“铝”开始往下呈阶梯状，分别是金属元素与非金属元素的分界线。在其左侧的全部（除了ⅠA 族的氢元素外）都是金属。钙、钡等也是金属。“金属物质”就是指完全由金属原子构成的物质，除了金、铜以外，其他都呈银色，且有着很好的导电性能。

钙化合物的代表：“石灰”

说起“石灰”，狭义的概念是指“生石灰”，而广义的概念则是指含有“石灰石”“熟石灰”等物质的总称。天然产生的“石灰石”，其成分为“碳酸钙”。

蛋壳和贝壳的主要成分也是“碳酸钙”。“石灰石”经高温加热后，会生成二氧化碳，变成“生石灰”（氧化钙）。

“生石灰”遇水会发热并变成“熟石灰”(氢氧化钙)。“熟石灰”的水溶液就是“石灰水”。向“石灰水”中吹入二氧化碳，会形成白色的沉淀物，这种沉淀物的成分与石灰石相同，都是“碳酸钙”。

操场跑道的白线，就是用“石灰”画的。

以前使用的都是“消石灰”，但由于其是强碱性的，一旦碰到因摔倒造成的伤口则会对人体有危害，所以现在都改用“碳酸钙”的粉末来画了。

另外，在油炸食品和海苔的包装袋里，都会放入干燥剂。其通常会有球珠状（硅胶）和白色粉末状（生石灰）这两种形式。后者，由于会发生“生石灰 + 水→熟石灰”的化学反应，所以可以拿来做干燥剂。在干燥剂袋子上，都会标有“切勿食用”的警告语，那么如果误食的话，会发生什么呢？

硅胶是无味无毒的，即使被误食也是无害的。而生石灰（碳酸钙）则会与口中的水分发生反应，产生热量，这很可能会导致嘴部烧伤。

而其与水发生反应后生成的氢氧化钙（熟石灰）具有强碱性，会导致口中发生溃烂。

蛋糕上的银色颗粒是什么？

吃进嘴里的银色颗粒是金属吗？

有时我们能在蛋糕上看到用来作为装饰的、闪着银色光泽的小颗粒。这种被称为“银珠”的颗粒，大小不一，有时也会装饰在巧克力上，其内部是糖分制成的，可以和蛋糕、巧克力一起吃下去。

“银珠”表面的银色部分会闪着亮光，就是金属的光泽。

那么，这银色的部分是不是金属呢？

我们再次用“灯泡检测器”来对其导电性能进行检测。结果，灯泡被点亮了。依据“拥有金属的光泽，同时可以导电”的物质就属于金属物质来看，“银珠”应该也是金属了。

可食用的无害金属

那么，这种银色的金属到底是哪一种金属呢？在“银珠”的包装袋上，标有其成分名称。我们也可以通过观察来分析其属于何种金属。

“银珠”基本不会掉色或生锈，也就是说很难生锈，而且属于可以被食用的无害物质。

包装袋上写有“银（色素）”的字样。而“银”的确很难生锈，能较长时间地保持光泽。“仁丹（商品名）”这种药丸的表面也是银色的。“仁丹”是明治 38 年（1905 年）被开发出来的一种综合性保健药品，现在仍作为口服清凉药在销售，通常其使用的包装也是银色。

“仁丹”表面的银色是什么?

我在某次研讨会上听到有小学教师讲过，在讲授了金属的相关知识后，有学生提问：“爷爷吃的‘仁丹’是银色的，那是金属吗？”

于是，他就尝试着去验证。

通过“灯泡检测器”实验发现，“仁丹”的表现是导电的，所以的确是金属。

那么，这种银色的金属究竟是何种金属呢？当时，由于其成分没有被标示完全，所以其银色的部分到底是什么就不得而知了。

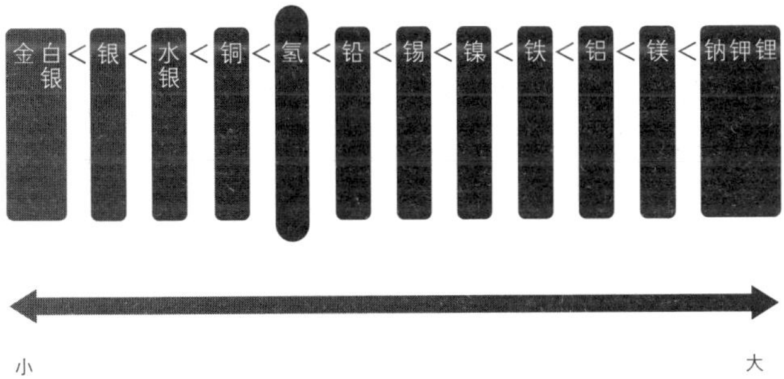

电离倾向大于氢元素的金属可溶于盐酸，小于氢元素的金属则不溶于盐酸。铜、水银、银可溶于酸性较强的强酸溶液，但铂、金则不会。铂、金可溶于王水（浓硝酸与浓盐酸以 1：3 混合而成的溶液）。

主要金属的电离化顺序

我们可以尝试将 10 粒“仁丹”放入淡盐酸中。发现其内部的成分被溶解了，但是银色的外壳却不能被溶解。

通过上图的内容就可以明白，如果是“铝”的话，是可以被淡盐酸溶解的。但是，无法被溶解的话，说明其是电离化倾向比氢元素更小的金属。

然后，在装有其外壳部分的试管中，加入少量的浓硝酸。浓硝酸的酸性很强，除了金、铂等电离化倾向特别小的金属外，其他的金属都可被其溶解。

在少量的浓硝酸作用下，其外壳被溶解了。也就是说，变成了离子。

为了检测出金属离子的种类，再加入先前使用的盐酸。其会变成白色浑浊的状态，这说明该离子可能是银离子、铅离子或者水银离子。

铅离子与水银离子都是具有毒性的，不能用于制造食品。那么，剩下的“银”的可能性就很高了。

过滤后的溶液在加入盐酸后，变成了白色浑浊的状态。这种白色的沉淀物在阳光下呈褐色，所以可以推断这是氯化银的沉淀。这样我们终于弄清楚了“仁丹”表面银色物质的成分。

在泡含有硫化氢成分的温泉时，在容器中放入几粒“仁丹”，我们会发现其表面变成了黑色。这是由于“银”变成了“硫化银”造成的。

这也就是为什么戴着银首饰泡硫黄温泉时，银首饰与温泉水接触的部分会变成黑紫色。

还有，当用橡皮筋捆绑首饰或银质餐具时，由于橡胶中含有硫黄成分，也会导致其变质。

为什么不用“铝”而用“银”？

生产“仁丹”为什么不采用相对廉价的“铝”，而要用“银”呢？

我打电话给厂商询问，得到的答复是“铝的光泽较难保持，而且会溶解于胃中”，所以才会采用“银”这种较难与空气中的“氧”结合的金属。

我们的胃液属于淡盐酸，“银”是不会被其溶解的。而“银珠”也好，“仁丹”也罢，其表面都是一层仅数万分之一毫米厚的薄银箔。当其进入胃中，与淡盐酸的胃液相遇时，也是不会被其溶解的，最后会被原样排出体外。

另外，“银”可以非常微量地溶于水中。这种带有银离子的水具有杀菌的作用。溶解于其中的“银”也可以被身体吸收。

过量摄入“银”，会引起一种叫作“银皮症”的疾病。因为当“银”进入体内后，银离子会在皮肤中沉淀，从而改变我们皮肤的颜色。

银珠和仁丹就像它们看起来的那样，是金属。

法布尔笔下的化学魅力

撰写《昆虫记》的法布尔

让·亨利·法布尔（1823 ～ 1915），法国昆虫学家、博物学家。其著有举世闻名的全 10 卷《昆虫记》。在小学、中学的图书馆里一定都收藏有《昆虫记》。

出生于法国南部的法布尔，在父母的咖啡馆因经营不善而破产后，于 14 岁时便离家去做了土木工人。但是他好学上进，后考入了师范学校（专门培养教师的学校），19 岁毕业后成为一名小学教师。这之后他又进入大学进修，成为初高中教师。

他在教书的八年间，为了能够筹得当大学教授的资金，一直在研究如何更有效地从茜草植物中提取色素的方法。因为在当时，要想成为大学教授，必须拥有一定的财产才行。但遗憾的是，德国科学家率先开发出了更加便宜的化学合成色素。所以，他的研究最终并未能给他带来金钱。

法布尔之后因各种原因不得不辞去学校的工作，搬到了法国南部的小镇奥朗日。在这里，从 1871 年开始，直到其写出《昆虫记》的 1879 年之间，他将在学校教学的经验与教授自己孩子的经验结合在一起，编写了大量面向儿童的科学书籍。

其中有一本叫作《不可思议的化学》。书中的内容都是以“保罗爷爷”给他的侄子“朱尼尔”和“埃米尔”讲解科学知识的形式写成的。

“保罗爷爷”当然就是法布尔自己的化身，而他的两个“侄子”也是以法布尔的孩子为原型创作的。在研究茜草色素的过程中，他掌握了很多化学知识，所以在家或学校中，他都会向孩子们展示初级的化学实验，以此来传授化学的知识。

《不可思议的化学简易实验》的日文版由市场泰男翻译，并于 1968 年出版发行，现在已经绝版了。而法布尔撰写这本书也已经是距今一百多年前的事了。

筛选出铁与硫黄

这里给各位读者介绍一下《不可思议的化学》中的部分内容。

保罗爷爷从药房买了硫黄，然后又从制作钥匙的邻居那里得到了铁粉。

将铁粉与硫黄粉混合在一起后，保罗爷爷提出了一个问题。

“能将这两种不同的粉末都筛选出来吗？让其各自都回到原本的样子，完全的纯硫黄粉与纯铁粉。”

于是，朱尼尔和埃米尔一起，用吸铁石将铁粉从混合物中筛选了出来。

“如果有足够的时间，并且不怕麻烦的话，也可以靠手工一粒一粒地进行筛选”——这就是所谓的“混合物”。

法布尔向孩子们展示的化学实验

接着，保罗爷爷向铁粉与硫黄粉中加入少量的水，使其变成捏起来很黏稠的状态，然后放到玻璃瓶中。孩子们都睁大了双眼，目不转睛地盯着瓶子。接着会发生什么呢？

瓶中物质的颜色逐渐变黑，成为像“煤炭”一样的物质。同时，从瓶口处有蒸气冒出并伴有声响。偶尔还发生类似爆炸的现象，有黑色的颗粒从瓶中飞出。虽然没有看见火光，但瓶身已变得非常烫。

整个变化过程终止后，瓶子冷却下来。保罗爷爷将瓶中的物质倒在纸上，其呈完全黑色的粉末状。无法看出其中有硫黄粉，而用吸铁石也吸不起其中的铁粉。也就是说，这变成了既不是硫黄也不是铁的“第三种物质”。这种物质叫作“硫化铁”。

来听听保罗爷爷对此的解释吧！

“这种物质既不会保留硫黄的性质，也不再具有铁的性质，取而代之的是，新生成的物质具备了与二者都完全不同的性质。因此，这里硫黄与铁相结合的过程，不是简单地可以用‘混合’一词来表示的，而是比其更为强烈深刻的一种变化。这种强烈的结合过程，在化学上被称为‘化合’。”

当铁粉与硫黄粉混合在一起进行“化合”时，瓶身会散发非常烫的热量，但这种现象也不仅限于铁与硫黄的化合过程。

物质在发生化合作用时，都会产生热量。只不过有些时候，其热量非常小，必须用高精度的仪器才能够检测出来。

当产生的热量非常多时，发生化合作用的物质会发出炽热的红色亮光，或者炫目的白色亮光。

因为化合作用会产生热量，所以当有热量和亮光产生时，也可以说是物质正在发生化合作用。

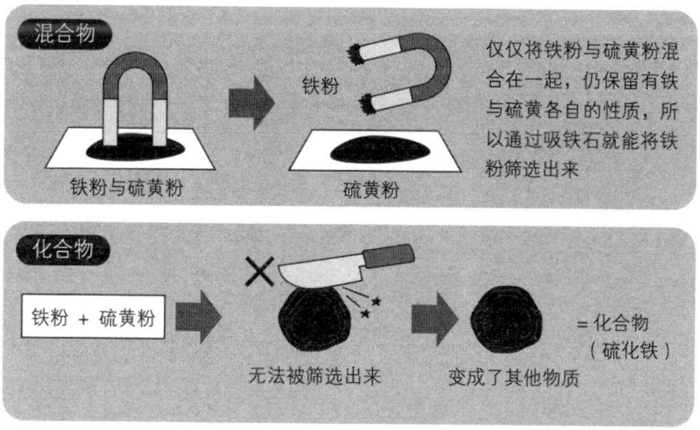

混合与化合（化学变化）

如果准备了足够的铁粉与硫黄粉的话，就可以做出一个“人造火山”来。先在地面上挖一个大坑，填入大量混合后的粉末，在上面浇少量的水，然后再堆上湿土形成一个小山的形状。

不一会儿就能看到，其会像真正的火山那样，开始出现“喷火”现象。从土堆的裂缝中会有滚烫的水蒸气冒出，并发出巨大的声响，还会伴有小型的爆炸现象。

当然，这与真正的火山爆发原理是完全不同的。

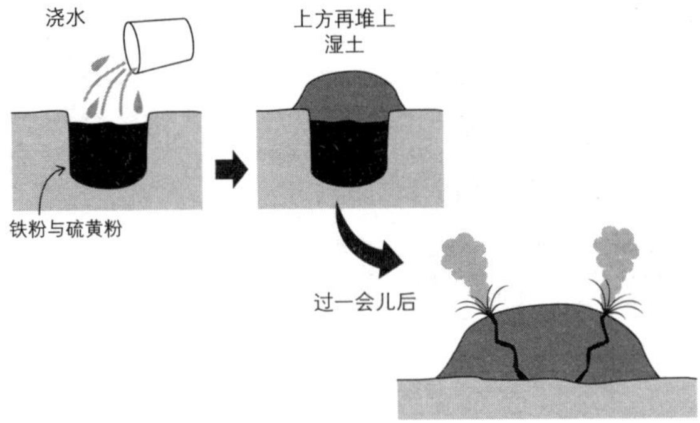

人造火山实验

面包里有什么？

保罗爷爷接着问道："你们知道，面包里面有什么吗？"

埃米尔回答道："小麦粉。"保罗爷爷追问道："那小麦粉里面呢？"

大家都没有了答案，这时保罗爷爷说："小麦粉里是'碳'元素，或者换句话说，小麦粉中含有'碳'，里面全都是'碳'。"

冬天，在炉子上进行烧烤的朱尼尔和埃米尔，一时疏忽导致面包被烤成了焦炭。但当时他们还并不清楚"碳"与"面包"之间的关系。"面包被放在火上烤时，会变成炭，因此，面包一定原本就含有碳元素"。

接下来保罗爷爷所说的话，值得我们所有理科教育者时时记在心中。

“这世界上，有许许多多你们看似平常的现象，但其中的本质却并没有被弄清楚。这是因为没有人引导你们去探索其本质。所以，我们往往只会相信平时所积累的经验而已。但只要对其稍加研究，就能发现实际的、重要的真理。”

这里，我再补充一下我的想法。

只要完全掌握了“铁粉与硫黄粉发生化合作用”中“化合”一词的意义，就能知道“完全不能吃的黑炭”与“可食用的白面包”之间的差别。

通过一两个实例可以获得“浅显的理解”，再将其灵活运用到其他情况中，才能引导人去获得“深刻的理解”。

在学校里所学的理科知识，大都只是为了应付考试，并没有培养以“科学的态度”去分析身边各种事物和现象的能力。那么，无法培养出“科学的态度”的原因又何在呢？

现在学校的理科教育，不过是将自然科学的事实、概念和定律的片段等集中罗列起来而已。学习方法也是以死记硬背为主。不仅如此，这样学到的知识，一点也无法让人产生“对于身边司空见惯的现象，想去探索其背后真正含义”的念头。

要想让所学的知识，能够应用到这种想法的实践中，就必须重新审视我们所学习的内容。如果我们在学习这些知识时，不是以培养“科学的态度”为目标，那么就不可能将其应用到实践中去。

要在最基础、基本的自然科学的事实、概念、定律的基础上，进行更加系统的学习，这样才能通过所学的内容，培养出真正“科学的态度”。

“气”与“烟”

让我们重新回到《不可思议的化学》。

面包不是只由碳元素构成的，而是碳元素与其他物质结合后的化合物。加热面包时，其他的物质都“逃走”了，最后就只剩下了碳元素。

保罗爷爷认为，面包被烤焦时冒出的“烟”就是碳的化合物。

以现在的科学知识来看，面包是由小麦粉、淀粉以及蛋白质等构成的。加热分解后会产生大量的水蒸气，以及类似于甲醛的物质。保罗爷爷口中的“烟”实际上应该是“气与烟的混合物”。只不过因为“气”无法被肉眼看见，所以只能看到“烟”的颗粒。

燃烧后会变轻……

理科教学中常会强调“物质守恒法则”的重要性。其中的“物质”不只是说化学物质，也包含更广义的概念。

我认为，从微观角度来看，它指的是原子的守恒；而从宏观角度来看，它也指元素的守恒。这个法则也被称为“质量守恒定律”。

如保罗爷爷所说，“无论多么细小的物质，都不会如我们所想的那样消失掉，也不会重新生出新的物质”。

具体来说，当我们修建房屋时，先要拆掉旧房子。即使旧房子被拆了，其原来的砂浆中所混入的每一粒砂子都还在，只是会掉落到其他地方。哪怕是肉眼都无法看见的细小粉尘，也会随风飞散，最终还是存在于世界上，而不是消失掉。

只是随风飘落到某个地方去了而已。

面包变成焦炭也是如此，虽然无法立刻用肉眼看见“烟（气与烟）”在空中飘散，但肯定最终落到了某处。

“但是……”朱尼尔插嘴道，“柴火燃烧后，不是只剩下了一点点的灰烬吗？”

在大约一百年前法布尔撰写这本书时（不，还要比这更早），甚至是现在，孩子们还是持有“物体燃烧后会变轻”这样朴素的概念。

法布尔对于这种朴素的概念，在他的《不可思议的化学》中给予了解释。

木头在燃烧时，其大部分的构成物质“会变成比极为细小的灰尘还要小的物质，然后飘散到大气中，无法被我们看见。最终能被我们看见的只是残留的一小撮儿灰烬而已。这容易让我们以为除灰烬以外的物质都不见了。但是，它们绝对没有消失，而是会飘浮在大气中，变成了与空气相似的透明、无色、无法用手触摸到的物质”。

“这不仅限于木头。我们为了得到光和热量而燃烧的所有燃料，都是这样的。”

“物质在不停地进行化合与分解，然后再化合，会产生无数种组合，并且会无休止地移动。每年都有数不清的化合物被破坏和重组。物质就像这样在持续地变化，但从全世界的角度来看，没有一粒物质会就此消失，也没有产生一粒新的物质。”

这之后，人们又发现了带有放射能的元素，有将质量与能量等价起来的，但是，在理科教育中“元素与原子的守恒”，其重要性仍然没有改变。

而在一百多年前，法布尔就已经从教学的经验中，明白了这种元素与原子守恒的重要性。

原子不会消失

物质都是由原子构成的，原子不会因化学变化而被破坏，也不会消失不见。无论发生什么化学变化，原子的数量与种类都不会改变。在化学变化过程中，只有原子结合的对象发生了变化。

这也是“质量守恒定律”成立的依据。

让我们以碳原子为例。大气中逐渐增多的二氧化碳，主要是有机物的燃烧或动物的呼吸所排出的。另外，二氧化碳也会被植物吸收，作为其进行光合作用的原料。而二氧化碳溶解于海水中的物质，也会被一部分生物的身体所吸收。植物进行光合作用生成的有机物，又会变成地球上的动物以及我们人类的食物。

因此，我们所吃的食物，从根本上来说，是空气中的二氧化碳。二氧化碳中的碳元素就是以这样的形式，在地球上不停地循环着。

对环境有害的原子，如水银原子，也不会被破坏掉或者消失。

含有水银化合物的污水流入河流与大海后，并不会就此消失掉，而是会残留在河流或大海中。这些含有水银原子的化合物，会被海底的植物吸收，而以此为食的浮游生物或小鱼等，又会被更大的鱼吃掉。这样，水银原子会随着不停地转移而被浓缩，最终又被不知情的人类吃进肚子，然后引起疾病。

原子不会产生新的，也不会消失，从这个角度来说，当我们生产出了会影响环境的物质或原子时，应该及时处理，避免将其排放到大自然中。

超简单入门——“酸”与“碱”

什么是“酸”

“酸”最早被定义，还是距今约三百五十年前的事情。

英国的化学家罗伯特·玻义耳（1627 ～ 1691），于 1660 年阐述“‘酸’是指：一、有酸味；二、能溶解许多物质；三、能使植物性的色素（石蕊）变红；四、与碱发生反应后会失去所有性质的物质”。

而“燃烧理论”的创立者法国化学家安托万·拉瓦锡，则打开了近代化学之门，将“酸”的本质研究，引导向对其构成的元素的分析。拉瓦锡认为，具备“酸”性特征的元素为“酸性元素”。

当时，人们认为“酸是由酸性氧化物与中性的水结合生成的物质”。

所以，“酸”一定含有“氧”，而“酸性”产生的原因，就是“氧”与元素的非金属性导致的。

因此，人们认为以食盐和硫酸为原料制成的盐酸，也一定是含“氧”的化合物。但是，盐酸却不含有“氧”，通过对氯化氢水溶液的分析，让化学家们的疑惑变得更大了。

像食醋、盐酸等物质带有酸味儿，能使蓝色的石蕊试纸变成红色，可以溶解锌和铁等金属生成氢气。这样的性质就叫作“酸性”，而其化合物的水溶液，也会显示出“酸性”。

酸性的共通性质是什么

有机化学的鼻祖德国化学家尤斯图斯·李比希（1803～1873），对“酸”的定义是“能被金属元素置换出氢的化合物”。例如，“锌”能与硫酸发生反应，生成硫酸锌与氢气。

此时，硫酸中的“氢”就被“锌”给置换出来了。酸性物质中的“氢”被金属置换出以后，就失去了原本的酸性，或者其酸性会变弱。因此，他认为“酸性”主要来源于“氢”元素。

但是，并不是所有带有“氢”的化合物都是呈酸性的。例如，甲烷（CH_4）有 4 个“氢”原子，而乙醇（C_2H_5OH）则有 6 个“氢”原子，但是用金属“锌”都无法置换出其中的“氢”。

这个问题在 19 世纪末，瑞典化学家斯万特·阿伦尼乌斯（1859 ～ 1927）提出“电离说”理论时才被发现。

根据阿伦尼乌斯的“电离说”理论，“酸”是指在水溶液中能提供氢离子的物质。也就是说，一个物质是否为“酸”，主要取决于构成物质的氢原子，能否在水溶液中发生电离并产生氢离子。

“酸性”主要源于氢离子 H^+（准确地说，是水合氢离子 H_3O^+）。最终，阿伦尼乌斯对“酸”的定义得到了肯定，现在，这一说法已得到了广泛的普及。

“碱”与“盐基”

“盐基”在化学上是与“酸”相对的物质。可与“酸”发生中和，生成盐和水（也有不生成水的情况）。

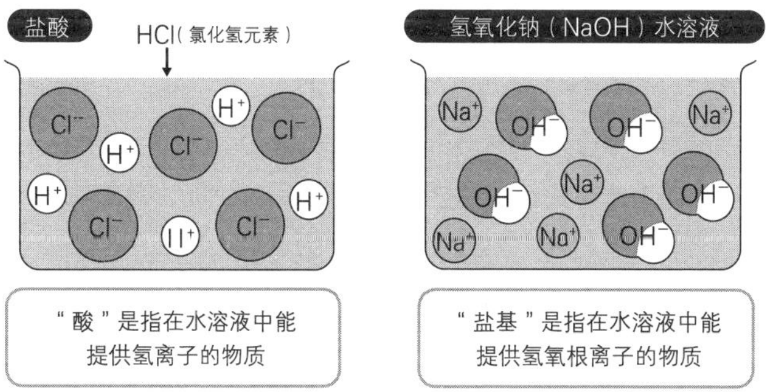

“酸”是指在水溶液中能提供氢离子的物质（阿伦尼乌斯的电离理论）

“盐基（base）”就是“盐的基本（base of salt）”的意思，表示其能与“酸”中和并产生出盐。

“碱（alkali）”原本是指大陆植物的灰烬（主要成分是“碳酸钙”）以及海中植物的灰烬（主要成分是“碳酸钠”）的统称，是由阿拉伯人命名的。

这里的“alkali”就是“灰烬”的意思。后来衍生为“盐基中能溶于水中的物质（氢氧化钠、氢氧化钙等）”，而“碱”这种念法也开始推广开来。主要用于表示“碱金属”（元素周期表中IA族“锂”往下）、“碱土金属”（元素周期表中IIA族“钙”往下）等的氢氧化物。

“在红茶中放入柠檬”会变色

茶可以分成三类

根据制作方式的不同，我们可将茶分为三大类：绿茶、红茶和乌龙茶。绿茶，是指茶叶完全没有经过发酵的“不发酵茶”；红茶，是指茶叶完全发酵的“发酵茶”；乌龙茶，则是指介于前两者之间经适当发酵过的“半发酵茶”。

这些茶，原本都是以同一种茶树（原产中国的山茶科）的叶子为原料的。但由于各自发酵的程度不同，其所含的成分也不同。

如绿茶中就含有相当于干燥茶叶中 30% 左右的“茶多酚”成分。所谓“多酚”，指的是苯、萘等芳香环（苯环的基团）中与羟基（-OH）相结合所形成的几种化合物的总称。

绿茶中所含的茶多酚基本上都是儿茶酚。红茶在发酵的过程中，会含有两个儿茶酚相结合所形成的茶黄素（1% ～ 2%）与茶黄质（10% ～ 20%）。而乌龙茶中则含有儿茶酚、茶黄素与茶黄质。

放入柠檬后红茶颜色变淡的原因

柠檬中含有5%～7%的柠檬酸，所以柠檬汁是呈酸性的。在红茶中放入柠檬后，其颜色会变淡的原因，应该也是与这种“酸性”有关。

尝试在红茶中放入具有酸性的醋，结果又会怎样呢？红茶的颜色同样变淡了。

这是因为红茶的颜色中，含有一遇到酸性物质颜色就会变淡的成分。实际上，红茶的颜色主要源于其所具有的亮橙色的茶黄素、深红色的茶黄质以及赤褐色的氧化聚合物这三种成分。其中，茶黄质这种色素，在遇到酸性物质后颜色就会变淡。

通红→黄色的咖喱沙司面

山田善春（大阪市立生野工业高中教师）曾向我介绍过一个“美味”的实验。

首先，在平底锅中放入八成满的水，开火烧至沸腾。然后放入一把中式挂面，轻轻搅拌。等面条煮软后，根据自己的口味，放入咖喱粉和姜黄粉。此时，面条的颜色会变成通红通红的。

接下来，试着在通红的咖喱面条中，放入辣酱油。你会发现，粘到辣酱油的地方颜色就变成了黄色。直至最后面条全部变成了黄色。

最后，再加入事先炒好的蔬菜和肉，一碗美味的咖喱沙司面就做好了。

为什么面条会从通红变成黄色

我们在理科实验中常常用来检测物质酸碱性的石蕊试纸（酸性时蓝色→红色；碱性时红色→蓝色），其使用的是从一种叫作“石蕊地衣”的植物中提取出的色素，现在已经被人工合成的色素所取代了。同样，我们也可以通过“紫卷心菜”（也叫作“红卷心菜”）汁液的颜色变化来检测物质的酸碱性。

其所含的紫色色素，也叫作“花青素”，像黑豆、紫薯、乌板树、葡萄等植物中都含有这种色素。

“花青素”（anthocyanins）是在植物界中普遍存在的一种色素（其名称来源于拉丁语，“antho”是“花”的意思，而“cyanins”则是“青色”的意思）。当这种色素从酸性变成碱性时，会依次呈现出红色、紫色、蓝色的颜色变化。

此外，还有能通过颜色变化表现酸碱性的色素。咖喱粉中含有一种叫“姜黄粉”的香辛料，其中所含的“姜黄色素”的颜色，在碱性时会呈红色。

在面条中加入姜黄粉会让面条变成红色，就是因为中式挂面中含有碱性物质。

挂面中所含的碱性物质，叫作“碱水”。“碱水”作为一种食品添加剂，常被用于制作中式挂面。其成分主要包括碳酸钾、碳酸钠、碳酸氢钠以及磷酸类的钾盐、钠盐等物质中的几种。一般主要使用的是碳酸钾、碳酸钠。

“碱水”溶于水后呈弱碱性。正是这种碱性，让小麦粉中的谷朊分子结构发生了变化（蛋白质的性质发生了变化），增加其黏性，让面条的弹性更强，面更筋道。

同时，也会形成中式挂面所特有的味道。而面条特有的黄色也正是添加了“碱水”的结果。

因此，在做上述这个实验时，必须使用含有“碱水”的面条。按照山田的话说“可以让便宜的中式挂面变得更好吃”。

之后放入的辣酱油中含有醋，所以呈酸性。因“碱水”而变成红色的面条在加入了辣酱油之后，由于碱水的碱性被中和了，所以又变回了黄色。

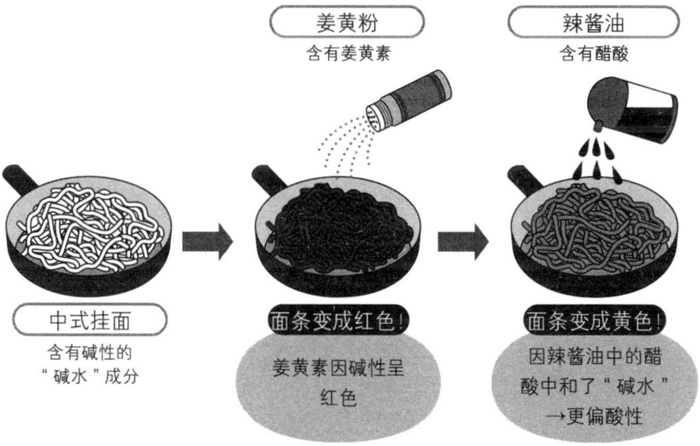
姜黄粉
含有姜黄素
辣酱油
含有醋酸
中式挂面
含有碱性的
"碱水"成分
面条变成红色！
姜黄素因碱性呈红色
面条变成黄色！
因辣酱油中的醋酸中和了"碱水"
→更偏酸性

通红的咖喱沙司面

通红的 咖喱
沙 司 面
加入姜黄粉后变得通红的咖喱沙司面！

橘子罐头的秘密

一瓣一瓣分开的过程

日本的橘子罐头工厂，主要使用静冈、爱媛、九州等地所产的“温州橘”为原材料。

被采摘下来的橘子，在选果场按照大小进行分类。在罐头工厂里，这些橘子会过一遍热水，经水蒸气处理后其外皮（最外侧的橘子皮）会变柔软。在外皮被泡涨的状态下，放入剥皮机中。

剥皮机通过滚轮装置卷起外皮并将其剥去，机器可以剥去大概七成的外皮，剩下的则由人工来处理。

接下来，橘子会顺着水流被送入一个橡胶制成的漏斗形装置中，经过这个装置将橘子分成一瓣一瓣的。

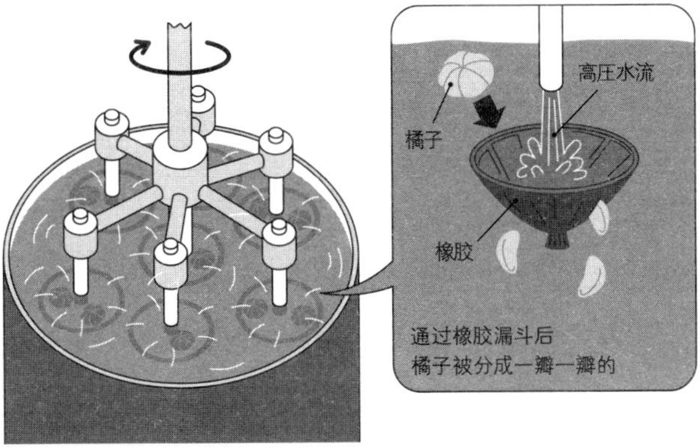

橘子的分割过程

用药水处理每瓣橘子的皮

在完成分割过程后，要对每瓣橘子的皮再进行处理。这里需要用到专门的药水。

所使用的药水为盐酸与氢氧化钠的水溶液。

一开始，将橘子泡在 0.7% 浓度的盐酸中，然后再加入 0.3% 浓度的氢氧化钠水溶液，浸泡 15 分钟。这样每瓣橘子的皮就会自然溶解脱落。

之后，再用水将残留的药水冲去。虽说是“药水”，但是也属于可食用的物质，并且经过水洗之后，在成品中不会再有残留。

另外，剥完皮后每瓣橘子中还有米粒状大小的带皮果粒，要控制好药水的浓度、温度以及浸泡时间，以保证药水刚好溶解掉每瓣橘子的皮而不伤及果粒。

这样一来，就是我们常见的橘子在罐头中的状态了。之后再根据每瓣橘子的大小，用机器筛选分类。

最后装到罐头中，并加入罐头汁（糖水），抽成真空状态后封盖。一个橘子罐头就制作好了。

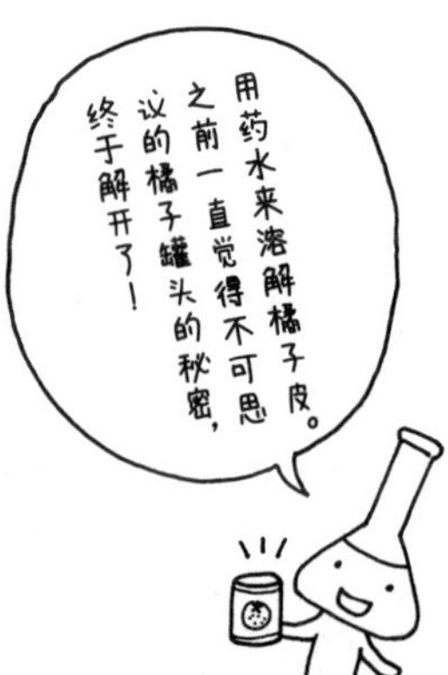

用醋溶解蛋壳做成“醋泡蛋”

半透明的黄色

将生鸡蛋放在醋中浸泡一天的时间，其会变成没有蛋壳的鸡蛋（醋泡蛋）。因为蛋壳的内侧还有一层无法被醋溶解的蛋壳膜，而鸡蛋中的蛋清与蛋黄就是被这层牢固的薄膜所包裹着。

醋（主要为醋酸的水溶液）具有溶解碳酸钙的性质。在制作“醋泡蛋”时，由于组成蛋壳的碳酸钙会与醋发生反应生成二氧化碳，所以能看到醋中有气泡冒出。

碳酸钙 + 醋酸 → 醋酸钙 + 水 + 二氧化碳

制作“醋泡蛋”，需要事先准备生鸡蛋、醋、盐、玻璃容器（能够横着放入一个鸡蛋的容器，如蜂蜜瓶或果酱瓶）。

制作方法

①在容器中放入鸡蛋，然后倒入醋直至鸡蛋被淹没（这时蛋壳的表面有许多二氧化碳的气泡出现。大概每半天更换一次新醋）。

②当整个鸡蛋呈白色且表面没有气泡出现时，用手指夹一下鸡蛋，看是否呈柔软具有弹性的状态，然后从容器中取出（达到这种状态，最少需一天的时间，这里推荐浸泡一天半的时间为宜）。

③小心地用水清洗鸡蛋表面（指甲容易将鸡蛋戳破）。这时，我们可以看见鸡蛋中的蛋清与蛋黄，被一层薄膜（蛋壳膜）包裹着。蛋壳膜是一种主要成分为蛋白质的纤维状物质，比较牢固。而且，蛋壳膜并不会被醋溶解，所以可以保留下来。

【注意】在制作“醋泡蛋”时，需要用到鸡蛋与醋。这些都属于安全可食用的东西。而且，鸡蛋的外壳与醋发生反应生成的醋酸钙，也是没有强烈毒性的物质。虽然也有以同样方法制作的“醋蛋”食品，不过实验中所制作出的鸡蛋（虽然食醋具有一定的杀菌作用），最好还是不要食用。

仔细观察制作出的“醋泡蛋”。

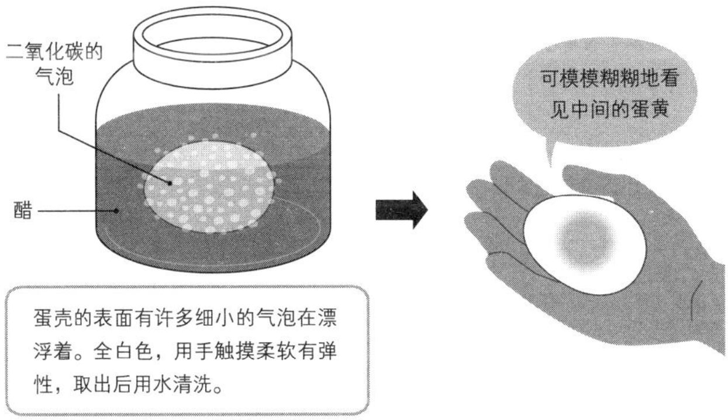

“醋泡蛋”

鸡蛋内部的蛋清与蛋黄都被蛋壳膜包裹着，轻轻按压时薄膜也不会破裂。正是由于这层膜的存在，才让鸡蛋变成像橡皮球一样。

鸡蛋全身半透明，可模模糊糊地看见其中的蛋黄部分。如果在灯光的照射下，则能清晰地看见蛋黄。

“醋泡蛋”的尺寸与原本的鸡蛋相比有什么变化呢？

我们再进行一个实验。将“醋泡蛋”放到水中，至少放置 2 ～ 3 小时。这样一来，鸡蛋会变得比原来大。

接着，再在“醋泡蛋”上撒一些食盐，放置一会儿。当鸡蛋整个被食盐裹了一层后，尺寸又变小了。

尺寸发生变化的原因

“醋泡蛋”的尺寸一会儿变大一会儿变小的秘密，就在包裹着鸡蛋的这层膜（蛋壳膜）上。蛋壳膜上有能够允许水分进出的小孔。

这些小孔细小到用普通的显微镜都无法观察到，在1000万倍的放大倍数下，其直径看起来，不过也才几毫米而已。当“醋泡蛋”被放到水中时，水分会经由这些小孔进入，使鸡蛋膨胀起来，而撒上食盐时水分又会从小孔中排出。分子比水要大的蛋清与蛋黄等物质，则不会从这些小孔中通过。

在自然界中，有一种被称为“半透膜”的物质。当其遇到不同浓度的溶液时，会让自身内部的溶液变成与其相同的浓度。蛋壳膜为了实现膜的外侧与内侧相同的浓度，会控制水分的进出。所以，蛋壳膜也可以看成一种带孔的半透膜。

这种现象在腌制蔬菜时也可以观察到。很多人都知道，在蔬菜上撒上盐后其内部的水分会被排出，这是因为蔬菜的细胞膜就是一种半透膜。因为外部的食盐浓度大于蔬菜内部的盐分，所以水分就被排出来。这与向鼻涕虫身上撒盐后，其会排出体内的水分并缩小体积是一样的道理。

我曾经在教授高中化学时，在讲解渗透压的课堂上，向学生们展示膨胀成鸭蛋大小的“醋泡蛋”。学生们都很好奇，叽叽喳喳地想尝试去摸一摸。

此外，我还将切好的卷心菜放到两个塑料袋中，其中一个放入了食盐，然后将两个袋口密封进行揉搓。打开后，其中会有水流出，而撒了盐的那一袋流出的水则要多不少。

“造成这种现象的原理，大家还能举出其他例子吗？”我提问道。有学生回答说：“比如向鼻涕虫身上撒盐！”我接过了话题：“我这里正好准备了一条‘鼻涕虫’。”我拿出一个用半透膜做成的透析管，其中装入了有颜色的水并将两头扎紧。“因为用真的鼻涕虫太残忍了，所以就准备了这个‘人造鼻涕虫’。”

将这条人造鼻涕虫放在讲台上，撒上食盐，可以看到透析管里的水渗透了出来，并且整个人造鼻涕虫在一点点地变细。

“盐煮蛋”为什么能入味？

在车站附近的小店铺中常有煮鸡蛋卖。一口吃下去，不可思议地能感到有盐味儿。“到底是怎样加入盐味儿的呢？是在某个位置打了个孔，然后用盐水煮出来的吗？”可是仔细查看蛋壳却找不到一个小孔。在不破坏蛋壳的前提下，究竟是用什么方法让鸡蛋入味儿的呢？

其实，在鸡蛋的外壳上有我们肉眼所无法看到的小孔，鸡蛋就是通过它们来“呼吸”的，这些小孔可以允许气体的进出。鸡蛋放久了以后，其内部的水分会从这些小孔中蒸发掉，因此鸡蛋就变轻，而外部的细菌也会通过这些小孔进入鸡蛋。

这些孔被称作“气孔”。再往内部深入还有一层半透膜——蛋壳膜。盐味儿就是经由蛋壳上的气孔以及里面的这层蛋壳膜，浸入鸡蛋内部的。

在这里，也向各位读者介绍在家制作“盐煮蛋”的方法。

首先，趁热将煮鸡蛋放入冷却的饱和食盐水中，并放入冰箱让其浸泡约 6 个小时。这样，在降温的过程中由于鸡蛋内部的压力下降，盐就会从蛋壳的外侧浸透到鸡蛋内部。制作“盐煮蛋”的商家，通常是在水箱中装满饱和的食盐水，然后将煮熟的鸡蛋直接浸泡其中并加压，通过渗透压的作用来让鸡蛋入味儿。

温泉鸡蛋的制作方法

你听说过“温泉鸡蛋”吗？

一般家庭中制作的煮鸡蛋，其蛋清（蛋白）的部分是凝固的状态，而蛋黄的部分是未凝固的状态。但是“温泉鸡蛋”的话，则是蛋黄部分凝固，蛋清的部分仍然呈液态状。要制作“温泉鸡蛋”必须要保证 65 ～ 68℃的水温，并加热 30 分钟以上，所以需要事先准备一个温度计。

那么，为什么只有这样才能制作出“温泉鸡蛋”呢？

鸡蛋的主要成分是蛋白质，其经过加热就会凝固。蛋清与蛋黄各自所含的蛋白质种类不同，所以各自达到凝固状态的温度也不同。蛋清部分在超过 70℃时才会开始凝固，超过 80℃时会完全凝固。而蛋黄的部分在温度为 68℃时，煮一段时间后就会凝固。

所以，制作“温泉鸡蛋”时需要一直保持在蛋清凝固温度以下，用蛋黄凝固的温度来进行长时间加热。

用洗衣糨糊制作“手工太空泥”

什么是“太空泥”？

制作“太空泥”，一直是科学展览和实验教室中最有人气的一项科学游戏实验。虽然不清楚具体的成分，但其具有软绵绵的手感，慢慢拉扯可以拉伸得很长，但是快速拉扯的话，又会断裂。“太空泥”也是电视综艺节目中常用的游戏道具。

日语中的“太空泥”一词，源于英文的slime（意为：软泥、黏液）。我在查阅有关下水道的文献资料中也看到了这个词，不过与我们常说的用于科学游戏的“软泥”不同，在那里面指的是由细菌组成的黏稠状生物膜。有时这个词也指某种“黏着物”。

有些自动售货机中也会出售这种“太空泥”，只需投入硬币，拉动拉杆，就会掉出装有“太空泥”的小胶囊。

拉扯"太空泥"

这里向大家介绍用洗衣糨糊制作"太空泥"的科学小游戏。

挑战"太空泥"的制作

手工"太空泥"是于 1985 年被引入日本的。

在东京召开的第八届国际化学大会上，来自美国的化学教育者通过高分子实验，向日本的化学教学者们展示了这种物质。

"太空泥"主要使用的是聚乙烯醇（PVA）的粉末。将其制成 PVA 溶液，并与硼砂溶液相混合就可以做出"太空泥"。

当初，面对“PVA 粉末很难溶于水”的这一难题，铃木清龙（当时的宫城教育大学教授）提出“市面上销售的液体洗衣糨糊的成分就是 PVA 的溶液，可以将其作为原材料”，这才让“太空泥”的制作方法变得简单。

我也曾经尝试过用 PVA 的粉末制作 PVA 溶液，确实怎么也无法使其溶解。一通辛苦下来，也只有非常少量的粉末被溶解。

如果一开始就使用含有 PVA 成分的液体洗衣糨糊，的确能简单方便不少。

该方法最早于 1986 年 8 月，在秋田市召开的第 33 届科学教育研究协会全国大会上，由宫城支部提出，很快就由参会者推广到全国。

开发磁性“太空泥”

在“太空泥”中混入铁矿砂和四氧化三铁的粉末，这样，当“钕磁石”这样的强磁石接近时，“太空泥”中会冒出小尖角，甚至还会像有生命的生物一样，慢慢地挪向磁石，并将整个磁石“吞没”。

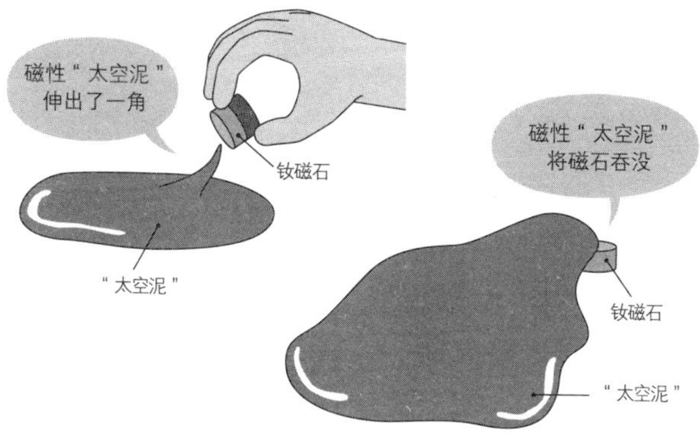

磁性“太空泥”

这个实验是由山本进一（当时的东京都立户山高中教师）开发的。

各种手工“太空泥”

除了混入颜料和食用色素的彩色“太空泥”、磁性“太空泥”以外，还有的会加入金属丝或荧光剂（可简单地将荧光笔的笔芯放入水中，制成荧光剂水溶液）等蓄光材料，制作出在黑暗中也可发光的“太空泥”。

另外，因为饱和的硼砂溶液带有一定的毒性，手岛静（公司经营者）提出可以用浓度更小的硼砂水溶液来制作安全的“太空泥”。

虽然按照手岛静的方法，用浓度非常小的硼砂水溶液可以提高“安全性”，但每次玩过“太空泥”后，还是最好将手充分洗净。

下面就是手岛静所提出的制作方法。

“太空泥”的制作方法

①准备好相同数量的 1% 浓度的硼砂水溶液和“色水（水溶性蓄光剂的溶液）”。

②准备三个胶卷盒，用来存放第①步中的两种液体和洗衣糨糊。

③在塑料袋（可以的话，使用带快速封口的袋子会更好操作一些）中放入“色水”与洗衣糨糊，并充分混合。

④当颜色充分混入洗衣糨糊后，再加入 1% 浓度的硼砂水溶液，进行混合。

⑤如果再加入蓄光剂的话，那么“太空泥”在黑暗的房间中也能发光，孩子们会更喜欢。

用豆胶制作手工“太空泥”

有些玩具店中所出售的胶囊装“太空泥”，是使用豆胶（天然的糨糊成分）制成的。

与用洗衣糨糊和硼砂做出的“太空泥”相比，其延伸性更佳。

最早用豆胶制成“太空泥”的是藤田熏（当时为埼玉县立饭能南高中教师）。他于1999年在《理科教室》杂志上发表了《制作豆胶“太空泥”——像饼一样的“太空泥”》这篇文章。

由我担任编辑的《有趣的实验制作东西的百科全书》(东京书籍）一书中，也介绍了这些制作“太空泥”的方法。

依次为：

铃木清龙《始祖洗衣糨糊与“太空泥”》。

藤田熏《制作可较长拉伸的新型“太空泥”》。

山本进一《用“太空泥”进行各种游戏与实验》。

手岛静《制作安全型“太空泥”》。

这样看来，在日本关于“太空泥”的制作，已经有近30年的发展历史了呢！

蜂窝糖的化学

什么是蜂窝糖?

在庙会的夜市上，常会有甜甜的蜂窝糖出售，深受小孩子们的喜爱。

用前端带有一个白色小块儿的棒子，插入煮热的砂糖液，接着砂糖液就会“噗”的一声迅速膨胀起来，这就是“蜂窝糖”，是一种吃起来脆脆甜甜的小点心。

曾经有一段时间，人们很流行在家中制作蜂窝糖。第二次世界大战结束以后，日本对砂糖实行“配给制”。所谓“配给制”，是指人们无法在商店里，根据自己的需要想买多少就买多少，而是由国家按照每个家庭的人数来决定分配的数量。在当时，面对有限的砂糖，很多人觉得与其就那样用完，不如做成蜂窝糖来吃。家里有老人的，可以回去问一问他们。

制作蜂窝糖的锅

后来，这又变成了庙会夜市上非常有人气的点心食品，不过现在很少能见到了。

将蜂窝糖切开，可以看到里面有许多小洞。因为在制作过程中，其内部有气体存在，所以才形成了这些小洞。而“白色的小块儿”则主要含有用于制作发酵粉的“小苏打（碳酸氢钠）”成分。

小苏打在进入加热的砂糖液后，会分解出二氧化碳（气体）。而这正是这些小洞存在的原因。

蜂窝糖的化学反应，就是碳酸氢钠的受热分解过程：

碳酸氢钠 → 碳酸钠 + 水 + 二氧化碳

之前，我讲授制作蜂窝糖的课程，还曾被报纸以《蜂窝糖——爱上理科的理由》为题进行过报道。后来，NHK 节目组的制片人在报纸新闻的数据库中搜到了这篇文章，又对我进行了专门的采访。在现场用的锅，还是撰稿人系井重里特地拿来的。

我在该节目中表示，即使现在夜市上不再销售蜂窝糖，但作为有趣的理科知识，其制作方法也应该被保留下来。目前，分别由五家出版社制作的中学理科教科书里，都有介绍蜂窝糖的相关内容。

制作蜂窝糖的要点

将砂糖加热，然后加入小苏打进行搅拌，这样其就会膨胀——制作蜂窝糖可不是这么简单的呢。实际上，经过尝试后就会发现，几乎每次都会失败。因为小苏打生成的二氧化碳（气体）都会漏掉，所以无法膨胀起来。

我年轻时（三十多年前）为了成功制作出蜂窝糖，也曾不断地进行过挑战。最后终于弄明白：只有让砂糖液的表面足够牢固，让内部的二氧化碳无处“逃跑”，这样才能让蜂窝糖成功膨胀起来。

如果砂糖液的表面不够牢固的话，二氧化碳就会漏掉。所以，在其因气体膨胀时，如果不能让砂糖液迅速达到稳固的状态，那前面做的一切就都白搭了。

砂糖液的状态是会随着温度而变化的。也就是说，要先弄清楚蜂窝糖膨胀时砂糖液的温度，这是成功制作蜂窝糖的关键所在。

为了成功制作蜂窝糖需要事先准备的东西

· 大的汤勺（直径 10 厘米左右）以及制作蜂窝糖的锅

· 砂糖（细砂糖和三温糖[①]）

· 小苏打（碳酸氢钠）

· 鸡蛋（蛋清）

· 温度计（能测量 200℃范围的温度计）

· 若干根一次性筷子

· 细铁丝

· 大的汤匙

· 纸

· 煤气炉

用于制作蜂窝糖的铜锅，其直径为 11 厘米、深 3 厘米。而我所用的汤勺直径为 8.8 厘米、深 2 厘米，其实还可以

① 译者注：三温糖是黄砂糖的一种，为日本的特产，常用于日本料理，尤其是日式甜点。三温糖是以制造白糖后的糖液所制，因此色泽偏黄，具有浓烈甜味。

选用更大一点的汤勺。因为要准确测出砂糖液的温度，必须要有足够的深度才行。

制作蜂窝糖前的准备工作

· 带有温度计的搅拌棒

用一次性筷子夹住温度计，并用铁丝固定起来，做成搅拌棒。将温度计底部的圆球稍稍收进去一些，并在 125℃的位置做一个标记。

· 制作“白色小块儿”

在纸杯中放入小苏打、蛋清、细砂糖，然后进行搅拌。

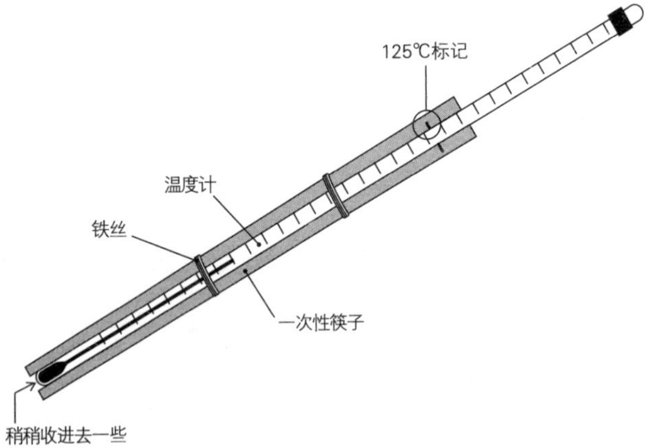

带有温度计的搅拌棒

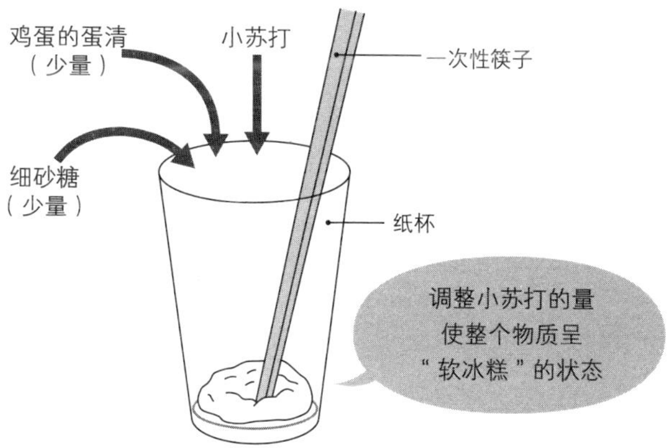

“白色小块儿”的制作方法

放少许蛋清，然后加入碳酸氢钠进行搅拌，使其变成像“软冰糕”一样的固态物质。然后再加入少量的细砂糖，进行搅拌。往小苏打中加入细砂糖，可以让砂糖液更容易变得“牢固”——成为结晶核。

一个鸡蛋的蛋清可以制作 40 个蜂窝糖，所以在一开始，就要想好到底要使用多少蛋清。

· 搅拌棒

如果使用的是专门用来制作蜂窝糖的锅，可以使用其配套的搅拌棒。而如果使用一次性筷子的话，最好是将三根筷子绑在一起。因为如果搅拌棒不够粗，会让搅拌的效率大打折扣。

在搅拌棒的前端，放上小豆至大豆大小的“白色小块儿”。

蜂窝糖的制作方法

①在锅中放入两汤勺的细砂糖、一汤勺的三温糖、两汤勺的水，做成一个圆球状的砂糖液。其中，细砂糖和三温糖有 45 ～ 50 克，而水则占了一半的分量。

▼将温度计斜着插进锅中的砂糖液，使温度计底部的圆球完全被液体包裹，这样才能准确地测出砂糖液的温度。

▼如果做出的砂糖液圆球不够大的话，是无法准确测出其温度的。

②用中火加热。此时要一边测量温度，一边进行搅拌。在气泡冒出前一直用大火加热也是没问题的。104 ～ 105℃时温度的上升过程会有一点点停滞。

▼不要激烈地进行搅拌，而是要通过搅拌，让糖液温度达到整体统一的状态。

▼在达到 105℃前，会产生一些一出现就破掉的气泡。

③当温度超过 105℃时，将砂糖液稍稍远离火源，让温度缓慢地上升。超过 125℃时须立刻关火，然后将锅放到台

面上。

▼慢慢数到 10。等气泡全部收下去后就 OK 了。

▼超过 105℃时，气泡就会带有一定的黏性。在搅拌时要注意不能弄破气泡，同时还要观察砂糖液的温度。

▼超过 110℃后，砂糖液的温度会迅速地上升。所以，要将锅从火源上稍稍拿开一些（或者将火调小），让温度一点点地上升。这是调节温度的一个要点。

▼一定要注意加热不能超过 130℃，否则就会前功尽弃。

④将前端带有“白色小块儿”的三根筷子插进砂糖液，以画圆圈的方式进行搅拌，直至整体变成白色，其中稍带一些黄色。

▼大概搅拌 20 圈后，就可以将搅拌棒从中拿出来了。

▼砂糖液会“噗”地膨胀起来。

▼根据砂糖液的状态，有时并不需要搅拌 20 圈。在搅拌的过程中，看到砂糖液越来越黏稠，并且只能通过搅拌棒看见 部分的锅底时，就可以停止搅拌了。

⑤等到整体凝固了以后，再对锅底进行加热（注意要远离火源，特别是锅沿的部分）。这样，可将锅与蜂窝糖粘在

一起的部分熔化开（将锅倾斜后，用筷子一戳，蜂窝糖整个可以移动为宜）。然后盛放在纸上，就完成了。

做完蜂窝糖后的收拾工作

①锅中残留一部分砂糖液也没问题，可做下一个蜂窝糖。

②实验结束后，砂糖容易粘在所用的器具上，所以最好在煤气炉上事先贴一层铝箔。由于砂糖是溶于水的，所以如果粘上了砂糖的话，可以将其浸泡于水中，稍等一会儿就可以进行清洗了。将用过的器具都泡在水中，就能很简单地进行清洁了。

③假如制作失败了，砂糖液粘在锅上时，可以往锅中加水并一边加热一边进行搅拌，也能去除粘黏的砂糖液。

砂糖液的温度与性质

砂糖液的状态能根据温度的不同而进行变化，但并不会回到原始的状态。

115 ～ 120℃时为糖稀状。加热至 125℃时，砂糖水会在冷却的瞬间变成圆形的固体，用手指按压可以被戳破。130℃时会迅速变硬凝固。135℃时也会凝固。140℃时则可以拔出丝来。

因此，要想让蜂窝糖能够顺利膨胀起来，需要让砂糖液的温度保持在 125 ～ 135℃（130℃最佳）的范围。

除此之外，像糖浆、软糖、拔丝糖、牛奶糖等点心也是利用了这种性质。

另外，要制作“棒棒糖”这样带有淡淡的颜色、类似玻璃状的状态，需要让砂糖液保持在 150 ～ 160℃的范围。我一边测量着温度一边将砂糖液加热至超过 150℃，然后倒在事先放在铝箔上的牙签上，这样就做好了一根棒棒糖。

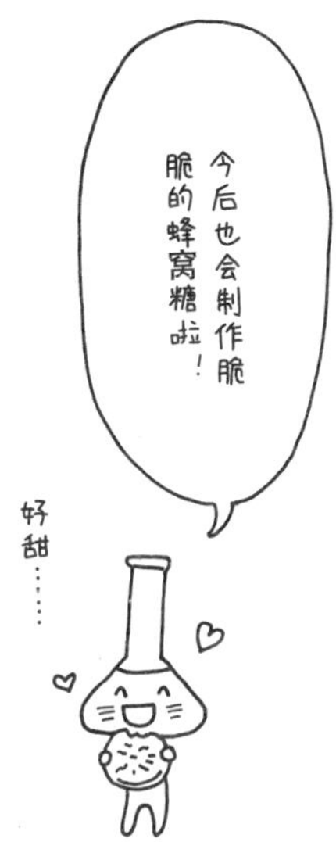

橡皮筋的制作过程

身边的橡胶制品——橡皮筋

用力拉扯橡皮筋可以使其自由地变换形状。橡皮筋就是离我们最近的橡胶制品。

橡胶具备以下三大特性：

一、很柔软（与石头、铁、玻璃等相比）；

二、即使被夸张地变形也不会损坏（与石头、铁、玻璃等相比，特别是被弯折时）；

三、即使被夸张地变形后，一旦外力消失又会恢复原状（如被用力弯折时）。

特别是第三点，一旦手放开后就会恢复原状的特性，对于“橡胶”来说，可是必要的条件。

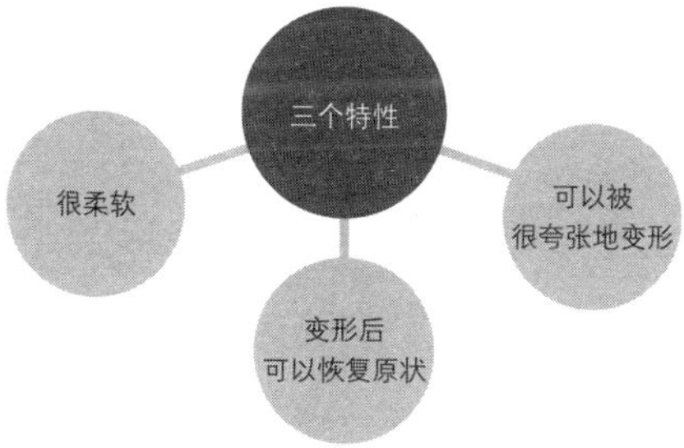

橡胶的三个特性

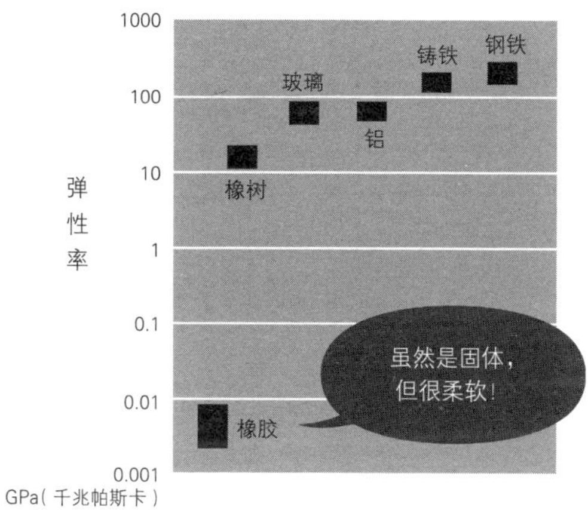

材料的硬度（弹性率）

实际上，通过材料的硬度（弹性率）对比，可以发现橡胶比其他大部分的材料都要柔软。即使将其原有的形状拉伸数倍，也能恢复成原状。

材料的硬度（弹性率）是指“以某个强大的力量拉伸物体时，其所能被拉伸的程度”，用拉伸时施加的力量除以被拉伸的长度（相较于原来多出的长度）来表示，单位是“GPa［千兆帕斯卡（1×10^9帕斯卡）］”。这个数值越小，说明相同的力量下该物体可被拉伸得越长。

切开轮胎的内胎做成橡皮筋

如果将自行车的内胎切成很细的小段，就是橡皮筋了。

橡皮筋、胶带等包装材料，最早就是由制造自行车内胎的厂家生产的。1923 年，日本共和护膜工业股份公司的创始人西岛广藏，首次将自行车的内胎切成很薄很细的小段来进行销售。从此，橡皮筋就被用于各种整理东西的场合，甚至日本银行也用它来捆绑纸币。

随着橡皮筋的使用越来越普遍，它也开始用于与食品相关的场合。

这样，原本所使用的自行车内胎，就有了卫生上的问题。

所以，才有了现在生产橡皮筋的技术。关于橡皮筋的制造方法，还得从其原材料“胶乳”说起。

从橡胶树上采集胶乳

橡胶树的种植园几乎都集中在赤道周边、东南亚等国。

这是一种原产于中南美洲的大戟科植物，在其树干上割出一道口子，就会有树液从中流出。然后，用专门的容器来采集这些树液。从几千棵橡胶树上采集树液，可是一项非常辛苦的工作。这样采集到的树液，叫作“胶乳”。

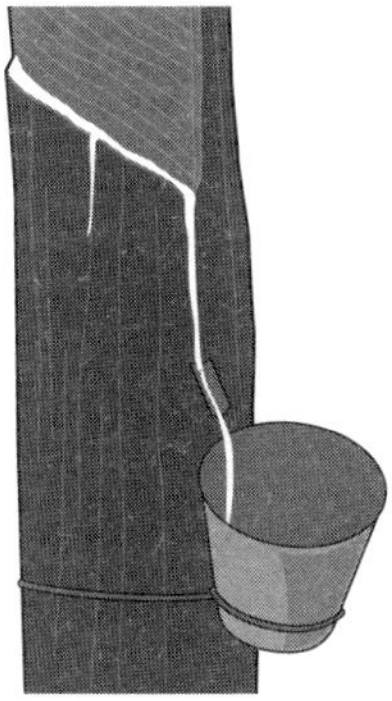

橡胶树与盛放胶乳的容器

以前，主要通过加热或烟熏的方式，来使胶乳中的水分蒸发，从而制作出“生橡胶”。然后再将其涂在用土做的模具表面，等其晾干后，再敲碎中间的土块，就能做成橡胶的水壶或水桶了。

橡胶最早是由哥伦布带回到欧洲大陆的。哥伦布于 1493 年进行第二次航海时，在波多黎各和牙买加登陆，当他看到当地原住民在玩一种可以弹跳得很高的球时，感到非常惊讶。

但是，那时他带回来的橡胶，只能用来擦除铅笔字或当玩具。顺便说一下，英文中的橡胶一词“rubber”，其原意就是指“可以擦除干净”。

现在，在生产橡胶时，主要通过在胶乳中添加酸来使其稳定，并添加混合剂做进一步加工。在去除杂质异物后，加压制成砖块的形状，还会加入硫黄以及催化剂、颜料等成分。

在橡胶中加硫可增强其弹性

下面，我们再回到橡皮筋的制作方法。

将生橡胶、硫黄、催化剂、颜料等混合放入一种叫作“挤出机”的设备，生成管状的橡胶成品。这种橡胶管子的内径，就是我们最后做出的橡皮筋的大小。也就是说，其内径越大，生产出的橡皮筋直径就越大；反之，其内径越小，生产出的橡皮筋直径也就越小。

但是，到这个阶段为止，橡胶的弹性还是很弱。这时就需要通过加硫黄，进行高温加热，从而使硫黄分子在呈绳状排列的橡胶分子之间“架桥”，增强橡胶的弹性。

1839 年冬天，美国的查尔斯·古德伊尔（1800 ～ 1860）在一次偶然的情况下，将硫黄混入了橡胶进行加热，从而开发出了这种被称为“硫化”的技术。橡胶的弹性变强以后更加具有实用性。“硫化”使橡胶的弹性有了飞跃式的提升，不仅如此，还能使其抗老化，增强橡胶的耐久性。可以说“硫化”是橡胶实用化历史上的一个划时代的发明。在此之前，橡胶由于较易老化，只能拿来做玩具，现在其用途得到了扩展，甚至也能用于制作轮胎。

经过“硫化”处理的橡胶管，被机器按一定的宽度切割成段。此时，根据切割的宽度不同，可以制作出各种粗细的橡皮筋。

之后，再用机器将切出的橡皮筋洗净并使其干燥。像这样，橡皮筋的成品就被生产出来了。然后再根据不同的用途，将其装进塑料包装袋或包装箱后，就可以出货了。

未经过“硫化”程序的橡胶（生橡胶），拉伸变形后是无法恢复原状的，而经“硫化”后，其弹性增强，可以恢复原状。

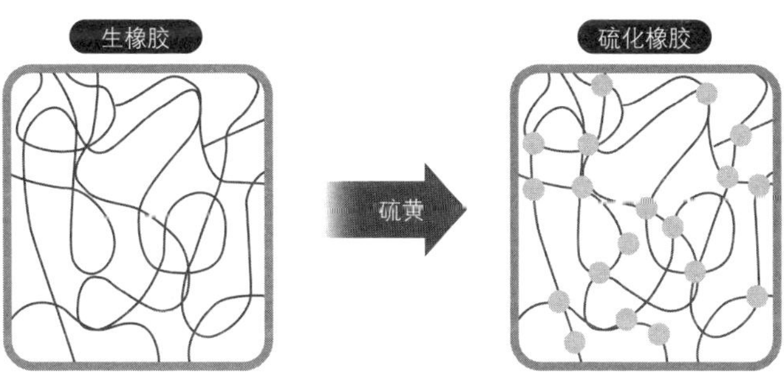

生橡胶变成硫化橡胶

当橡胶没有受到外力作用时，其分子是呈松弛状态的。虽然生橡胶被拉伸时也能表现出一定的弹性，但是长时间拉伸后是无法恢复到初始状态的。因为其内部分子间的位置关系已经被破坏了。

经过“硫化”后，硫黄分子会在橡胶整体内部“架桥”，形成像渔网一样的网状结构，所以很容易就能恢复成原状。

橡皮筋的伸缩也会产生温度的变化

将一根较粗的橡皮筋尽量拉伸，然后用嘴唇轻轻触碰其中间位置。保持这样的姿势，将橡皮筋快速地放松，然后再快速地拉伸，这样我们能感觉到其温度发生了变化。

因为，橡胶未受到外力作用时，其分子是呈松弛状态的，都在保持着振动。

当其被一下子拉伸时，分子的振动会变得困难，就会产生能量。这些多余的能量使得橡胶的温度上升。

相反地，当放松时，橡胶分子又恢复了振动，而振动产生的能量又会被周围所吸收，这样温度又会下降。

橡皮筋在被拉伸的状态下，用锤子砸或放到开水中，又会怎样呢？随着温度的上升，其内部分子的振动也更加激烈，橡皮筋要恢复原状的收缩弹力也就会变得更强。

沉入水中的冰

“冰浮于水上”是非常不可思议的

水是由含氢元素与氧元素的水分子构成的。氢元素是宇宙中最多的元素，而氧元素又是地壳中最多的元素，可以说，水是天地间最为平凡和常见的物质。

正因为如此，可能很多人并不会觉得“固态的冰能够漂浮在液态的水之上”是一件多么不可思议的事情吧！

但是，“冰浮于水上”这个现象，对于“水”这种物质来说，的确是一种“异常”的状态。这在自然界成千上万种的物质中，都是一个非常罕见的例子呢！

一般来说，同一种物质其固体状态时的密度，总是要大于液体状态时的。从微观的角度来看，物质是由分子构成的，而固体的分子则聚集得更加紧密。

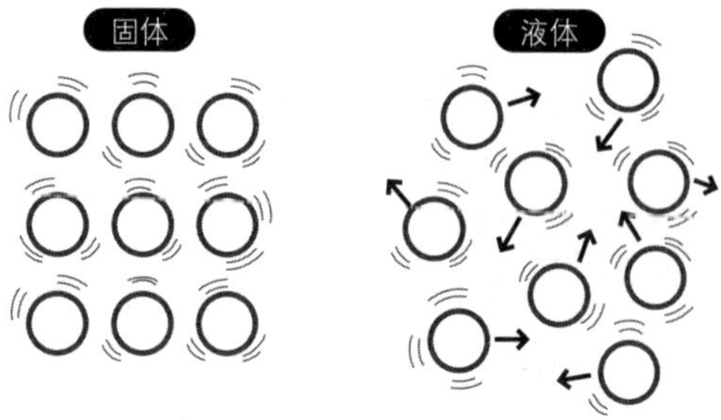

固体状态时分子在自己的位置上振动，
但液体状态时分子间的距离被拉开，
可以自由地进行移动

普通物质固体与液体的分子密度

无论何种状态下，分子与分子之间都是相互吸引的。固态时，分子与分子之间的距离很近，引力也较强，分子只能局限在自己的位置上，移动不得。液态时，分子与分子之间的距离被拉得很开，相互间的引力也比固体时要弱，分子可以到处移动。

基于这个原因，液体才可以根据放入其中的物体而改变自身的形状。与固体相比，液体内部每一个分子移动的空间都要大很多，可以实现自由地移动。

总之，固体分子彼此紧挨在一起，液体分子则“宽松”许多。

因此，普通的物质其固体时的密度都是较大的，当其投入到液体中时就会下沉。

但是水却不同，其固体状态时的“冰”，是会漂浮于液体状态时的“水”上的。冰的密度，在0℃时为0.9168克/立方厘米。冰融化成水后，其体积会减少10%，0℃时的密度为0.9998克/立方厘米。当温度上升时，水的密度也会增大，3.98℃时达到最大值的0.99973克/立方厘米。

之后温度再上升，水的密度又会开始减小，达到沸点的100℃时，其密度为0.9584克/立方厘米，这个值与冰相比还要大5%。

类似水这样“固体密度<液体密度”的物质，还有锗、铋、硅等。在寒冷的冬夜，有水管被冻裂的情况，就是因为水变成冰后其体积增大了。

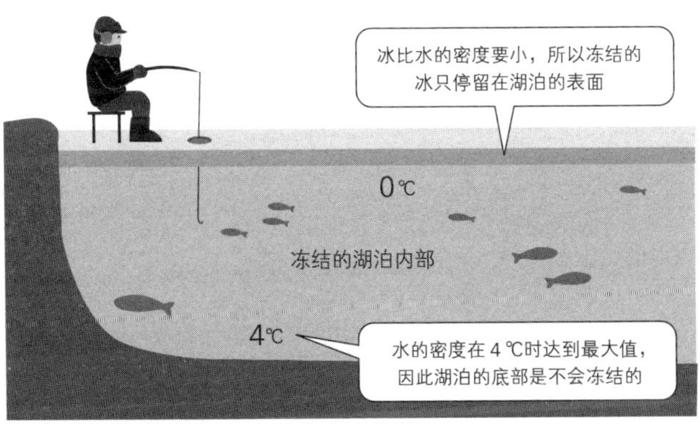

为什么湖水是从表面开始冻结的?

多亏了水的这种“异常”表现，才使得生活在水中的生物可以安全地度过冬天。池塘或湖泊表面的水，在外部气温降至4℃时密度会增大，然后沉下去。

这样一来，达到最大密度的4℃的水沉到了底部，而水面附近接近0℃的水会上升。随着气温的继续下降，其在水面附近结上了冰。

冰的密度比水要小，所以会一直漂浮在水面上。而这个结冻的冰层，又在一定程度上起到了隔温层的作用，可以让湖底的水在冰冷刺骨的寒夜也不会被冻上。

假如，水也像其他物质一样，温度下降后体积也缩小，那就悲剧了。冰冷的液体停留在湖底，湖水将从下往上被冻结。如果再没有隔温层的话，最终整个湖泊都会被冻上。

这样一来，水中的生物也就都无法生存了。

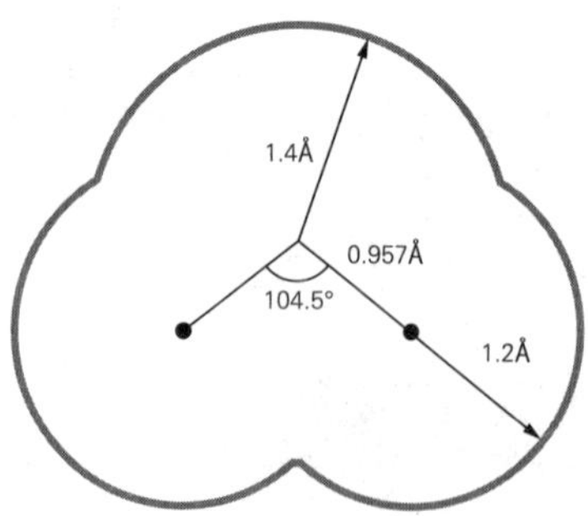

水分子的形状

冰内部水分子的间隙很大

水分子的形状如上页图所示。水分子看起来近似一个直径仅为 3 埃米（Å ，1Å=10^{-10}m）的球形。

构成水分子的氢原子与氧原子都带有电荷。氢原子带 δ^+ 电荷（δ 表示极微小的数值），而氧原子带 δ^- 电荷。水分子内部的电荷是不平衡的。

因此，某个水分子中的氢原子会与其附近（其他的）水分子的氧原子之间相互吸引，从而使正负电荷相互抵消。

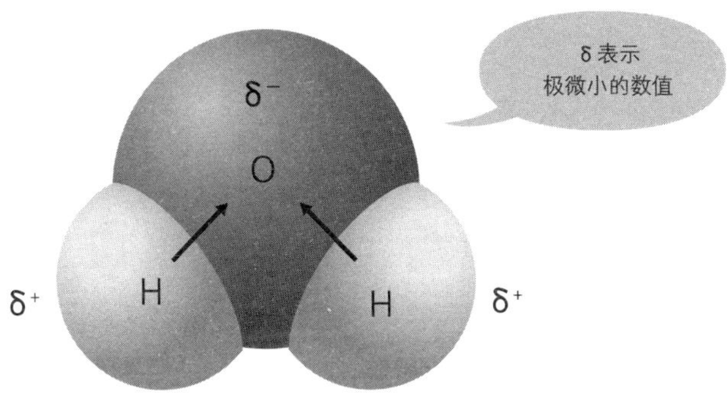

水分子内部的电荷是不平衡的

这样的一种结合方式叫作“氢键”。氢键可以让普通的水分子紧紧地结合在一起。

普通的“冰”，就是水分子通过氢键结合在一起形成的结晶。从上方观察，水分子是呈六边形排列的。而雪花的结晶也是同样的构造，所以也是呈六边形。

如下图所示，冰的内部构造中有很多的间隙。而其融化变成液体时，其中的一部分结晶构造会被破坏，一部分间隙中水分子会更加紧密地聚集。所以，水的密度才会大于冰的密度。

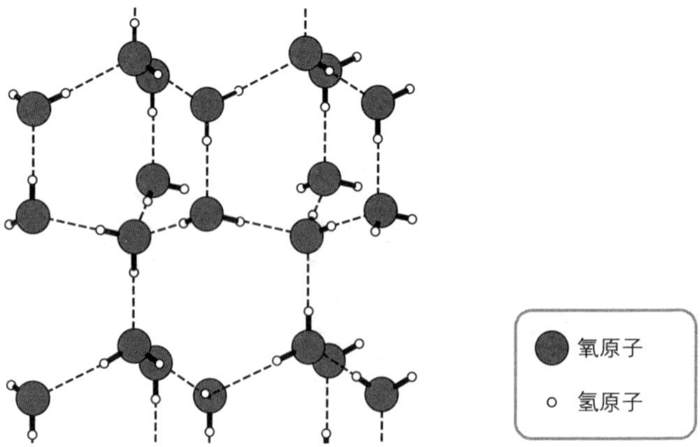

普通的冰（H_2O）的构造

温度上升时，冰内部的这些间隙中都有水分子来填充，所以密度也会变大。水分子受热后的运动变得非常激烈，分子运动的空间也变大，所以体积会膨胀，也就是说密度会变小。二者在 4℃时达到平衡状态，密度达到最大值。超过 4℃以后，密度又开始逐渐减小。

冰也有许多种

根据温度、压力等条件，冰也会有很多其他的形式（结晶构造）。我们平常所见到的冰被称为“冰Ⅰ”。

美国哈佛大学的物理学家珀西·布里奇曼（1882～1961）曾演示过高压下的冰与普通冰的区别。鉴于其在高压物理学方面的研究，布里奇曼于 1946 年被授予了诺贝尔物理学奖。他通过改进高压发生装置，让水在室温下被超过一万的大气压压缩，从而在全世界首次成功制成“高压冰”。

这种在一万大气压下被制出的冰，称为“冰Ⅵ”。而用两万大气压制出的冰，则被称为“冰Ⅶ”。这些利用高压制造出的冰，其密度为 1 克 / 立方厘米，所以是“会沉入水的冰”。

现在，通过对水施加不同的压力以及改变温度，人们已可以制造出许多种类的冰。2009 年，科学家们用超高压制造出了温度达数百摄氏度的“冰 XV”。

田中岳彦（三重县立久居高中教师）在几所大学的协助下，研制出了简易型高压装置，可以在高中的物理课堂上，向学生们展示冰Ⅵ的形态。

该高压装置使用了地球上最硬的、最能承受压力的物质——金刚石。因为金刚石是无色透明的，所以可以看到中间被压缩的水和冰。我曾经通过视频看过“高压冰”沉到水中的样子，但还是希望有朝一日，能亲眼见一见。

后　记

很多人在上高中理科时，会选修化学这门课吧。但是，大部分人应该都是认为“化学课比物理课更好懂，又不用像生物课那样要背很多东西”才会这样选择的吧。可实际上课以后，才发现化学也很难呀！

其实，化学真的是一门非常有魅力的学科，只是在教学方法上出了问题。

“食品中的添加剂、福岛第一核电站事故泄漏出的放射性物质”等例子，都已经让我们明白，现在所处的这个时代，需要我们在应对化学物质时必须有一个正确的判断。可我们在学习化学知识时，却无法体会到“化学很有趣，并且与我们的生活息息相关”这一点。

所以，我希望大家在面对“讲解物质的性质变化”的化学这门学科时，能带着“学习新知”的乐趣，去切身体会化学的理论与实验与我们的生活和社会之间的广泛联系。

例如，本书中所介绍的“蜂窝糖”，我将其作为一项料理实验在全国普及开来。利用碳酸氢钠（小苏打）的分解反应来制作蜂窝糖，同时也学习了化学变化知识。通过这个实验，学生们形成了“‘化学’不仅仅只是停留在教室里，它其实就在我们的身边”这样的意识。

因为我所进修的专业就是研究在学校课堂上所讲解的理科内容，包括“如何学”与“如何教”等。所以，当我听到有人抱怨“理科一点趣味也没有”时，心里是非常难过的。的确，如果只是死记硬背、枯燥无味的内容，这样的理科学习真的很无趣。

所以，本书收录的都是一些很有话题性的内容，我也尽可能地将化学理论解释得浅显易懂。

虽然这些话题都不是最前沿的科学成果，但若能通过这些基础内容让各位读者感到“真的很有趣”，实在是我之幸事。

左卷健男

作者简介

左卷健男

1949年出生于枥木县，毕业于千叶大学教育学系，后于东京学艺大学研究生院进修研究生课程（物理、化学和科学教育）。在中学、高中任教26年后，于京都工艺纤维大学学术中心担任教授，2004年起任同志社女子大学教授，2008年起任日本法政大学教职课程中心教授。著有《有趣到让人睡不着的物理》（PHP出版社），《成人复习中学化学》（软银Creative出版社），《新高中化学》《新高中物理》（讲谈社BlueBacks），《你不知道的水知识》（Discover 21出版社）等多部作品。

图书在版编目（CIP）数据

化学真好玩 / (日) 左卷健男著；金磊译. —武汉：湖北教育出版社，2017.1

ISBN 978-7-5564-0874-0

Ⅰ. ①化… Ⅱ. ①左… ②金… Ⅲ. ①化学–普及读物 Ⅳ. ①O6-49

中国版本图书馆CIP数据核字（2017）第012577号

OMOSHIROKUTE NEMURENAKUNARU KAGAKU

Illustrations by Yumiko UTAGAWA

First published in Japan in 2012 by PHP Institute, Inc.

Simplified Chinese translation rights arranged with PHP Institute, Inc.

through Bardon-Chinese Media Agency

版权登记号：17-2017-013

出版发行　湖北教育出版社
邮政编码　430070
电　　话　027-83619605
地　　址　武汉市雄楚大道268号
网　　址　http://www.hbedup.com
经　　销　新华书店
印　　刷　嘉业印刷（天津）有限公司
开　　本　880mm × 1230mm　1/32
印　　张　6
字　　数　100千字
版　　次　2017年3月第1版
印　　次　2022年2月第10次印刷
书　　号　ISBN 978-7-5564-0874-0
定　　价　29.00元

如发现图书质量问题，可联系调换。质量投诉电话：010-82069336